Editor's Letter
卷首语

花园是一种精神

　　最近编的稿子中有一个作者的话我很喜欢，她说，除了工作的时间，每个人都有或多或少的空闲时间，如果找不到合适的方式来打发，它们将会变成无聊、空虚，渗透你的生活，腐蚀你的心情，这也是每个人除了自己的事业，都需要有一个骨灰级的爱好的缘由。爱好是打发我们生活中空闲时间的寄托，它让我们空闲的时间变得丰满、愉悦，从而让我们的生命中幸福日子的比例攀升。对于她的话我很认同，确实，精神的高度决定着我们人生的高度，而我编辑的众多的花园故事，除了花草之美外，还寄托着主人强大的精神魅力。

　　所以，花园是一种精神。

　　与其他各种爱好和审美不同的是，花园是加载着生命与时光的对象。只需要一年的光阴，我们就可以从花草中看到生命的萌动、生长、兴盛、枯死，我们跟着花园的节奏感受四季的轮回。花园让我们慢下来、静下来，花开无语，风来方舞，能洞观一二的是园主人的心。说不清是花园需要我们打理呢，还是我们需要花园来安放我们的热爱和心思。

　　所以，爱花园吧！爱植物吧！爱生活吧！

　　如果你觉得拥有一个花园是个美丽但还有点遥远的梦，只要你有心尝试，那么一捧土，一棵苗，几寸窗台也同样会让上述的种种近在眼前。打开此书，希望我们的文字能帮你走进这样一种生活。

　　愿花园开在我们每个人的心中。

商蕴青

2016 年 4 月

打理花园　愉悦内心

《花园时光》（春夏篇1）和大家见面啦！

对我们每一个人来说，家既是一个空间，也是一份心情。

我们每一个人，只要愿意，家中处处都可以有花草树木，处处可以是花园。

如果"足不出户"就能日日享受"户外生活"，沐浴花园芬芳，即便空间有限，生活质量也会大大提高。

其实，小到阳台一角，大到别墅庭园，只要布置合理，都能成为格调怡然的花园空间。

随着冬去春来，万物复苏，花园中的植物开始发芽，在这一辑的《花园时光》中，我们为大家介绍了早春花园的打理，以及春夏花园中的花事。如果你的花园需要设计，我们为您提供了花园设计师的优秀设计案例，还有各地花友分享的打理自家花园的经验，以及花园生活为家人带来的乐趣。我们还会为您推荐春夏季花园主题植物的品种以及在花园中的合理搭配⋯⋯

总之，您想要了解的与花园有关的信息，都可以在这里找到。

春天来了，大家不妨利用假期，打理一下自己家的户外空间，给沉闷的家居透透气，给单调的生活添一点情趣。简简单单的一个花园，对我们来说，真的可以改变很多：从当下的心情生活，到整个人的精神状态，都会发生很大的变化。

花园打理好后，我们可以在花园里吃早餐；夏日里，可以在花园里乘凉；假日里，还可邀请三五好友在花园小聚，赏花喝茶聊天。

这时候，你会觉得，有花园的感觉真好！

还等什么呢？行动起来吧！把花园打造的更美丽，让我们的生活更美好！

《中国花卉报》原副总编辑　吴方林

2016年4月

G 花园时光 TIME
ARDEN 春夏篇 1

吴方林 主编

中国水利水电出版社

《花园时光》是中国本土第一份面
向园艺发烧友的时尚园艺Mook。

该书是《花园时光》系列中比较综
合的主题，由业界资深专家吴方林主编。
以春夏为主题，与《花园时光》前几辑一
样，介绍了春夏季节花园里的花事，教花
友如何组合盆栽，南北方植物种类推荐
以及达人的种植经验心得分享。当然，
还有多个美丽的私家花园……

电　话：010-65422718
微信号：GardonTime2012
微　博：花园时光gardentime
博　客：blog.sina.com.cn/u/2781278205
邮　箱：huayuanshiguang@163.com

中国林业出版社官方微信

中国林业出版社天猫旗舰店

花园时光 TIME
GARDEN

总 策 划　韬祺文化
主　　编　吴方林
执行主编　赵芳儿
编　　辑　赵芳儿　Helen
撰　稿及图片提供
　　　　　赵伶俐　吴方林　颜峰　商蕴青　玛格丽特
　　　　　赵耕　侯晔　张辉　赵芳儿　赵梦欣　贺庆
　　　　　侯梅　王梓天　时间　胖龙丽景
封面图片　"花样男神"颜峰一家三口在自家的"空中花园"

图书在版编目（CIP）数据

花园时光.春夏篇.1 / 吴方林主编.-- 北京：中国水利水电出版社，2016.4
ISBN 978-7-5170-4268-6

Ⅰ.①花… Ⅱ.①吴… Ⅲ.①观赏园艺 Ⅳ.①S68
中国版本图书馆CIP数据核字(2016)第078938号

责任编辑　杨庆川
加工编辑　董梦歌
封面设计　新锐意设计工作室

书　　名　花园时光（春夏篇1）
作　　者　吴方林 主编
出版发行　中国水利水电出版社
　　　　　（北京市海淀区玉渊潭南路1号D座　100038）
　　　　　网址：www.waterpub.com.cn
　　　　　E-mail：mchannel@263.net（万水）
　　　　　　　　　 sales@waterpub.com.cn
　　　　　电话：（010）68367658（发行部）
　　　　　　　　　 82562819（万水）
经　　售　北京科水图书销售中心（零售）
　　　　　电话：（010）88383994、63202643、68545874
　　　　　全国各地新华书店和相关出版物销售网点
排　　版　新锐意设计工作室
印　　刷　北京市雅迪彩色印刷有限公司
规　　格　210mm×260mm　16开本　6.5印张　156千字
版　　次　2016年4月第1版　2016年4月第1次印刷
印　　数　0001～6000册
定　　价　49.90元

花园时光 TIME
GARDEN

CONTENTS

春夏篇 1

008 "花样男神"和他的"空中花园"

/ 吴方林 | Edit 颜峰 | Photo provited

016 耧斗菜——落入凡间的精灵

/ 玛格丽特 | Text & Photo provited

020 花园，让梦想照进现实

/ 吴方林 | Edit 赵耕 | Text & Photo provited

026 组合盆栽，用容器组合出来的花园

/ 玛格丽特 | Text & Photo provited

032 花园梦想助力师——侯晔和她的花园乡舍

/ Helen | Interview & Text 侯晔 | Photo provited

042 春天，给露台换一身缤纷装扮

/ Helen | Edit 张辉 | Photo provited

044 花园草花全年栽培月历

/ 赵伶俐 | Text & Edit

046 花园草花全年轮栽计划

/ 赵伶俐 | Text & Edit

050 海蒂的花园

/ Helen | Interview & Text 玛格丽特 | Photo provited

056 无球根，不春天

/ Helen | Edit 玛格丽特 | Photo provited

060 庭院深深深几许

/ 赵芳儿 | Edit 侯梅 | Photo provited

066 做一名都市隐客——王梓天和他的田园生活

/ 王梓天 | Text《花也》电子刊 | Photo provited

074 石英砂干花制作

/《花也》电子刊 | Text & Photo provited

078 与繁盛共舞的草花秀——时间和他的草花故事

/ Helen | Text 时间 | Photo provited

082 从播种开始谈谈六倍利的种植

/ 时间 | Text & Photo provited

088 早春及夏季花园的打理

/ 周长春 | Text 胖龙丽景 | Photo provited

092 在波峰波谷间尽享时光交迭

/ 郭泽莉 | Text 贺庆 | Photo provited

098 海棠，庭院观赏树中的"花贵妃"

/ 周长春 | Text 胖龙丽景 | photo provited

"花样男神"
和他的 "空中花园"

吴方砾 | Edit
颜峰 | Photo provited

花园档案
坐标：珠海
主人：颜峰
花园特色：屋顶露台花园，丰富的植物种类，潺潺的水景，还有爬满藤条枝叶的花架，让花园成为珠海人民路上最靓眼的风景

  颜峰，可以算是珠海城中的名人了。他不仅在广告创意和公关活动领域取得了一定成就。他家的空中花园，在珠海也有相当的影响力。

  可以说，国内除了园艺专业人士和从事景观设计的职业护花使者，像颜峰这样爱花、护花、赏花的男人实在是少之又少，堪称"骨灰级"的忠实花迷。于是得了一个绰号："花样男神"。

"空中花园" 露台全景

游走欧洲花园，萌发花园梦想

近几年，在忙碌的工作之余，颜峰和太太每年都策划一两次欧洲深度游，脚步几乎踏遍了大部分欧洲国家，经常喜欢去欧洲小镇、迷人的古堡、主题花园，欧洲人家家的阳台窗口和前院都开满了鲜花，墙上也爬满了各式藤叶。一谈起美丽的花园，颜峰的表情都是眉飞色舞，整个人充满激情而神采奕奕。

他说他最喜欢希腊花园风格中蓝白相间的主题花园，还有橘黄的陶罐里种满的五颜六色的花儿，每每经过这样的景致，他都爱驻足拍照，不忍离去。

他还喜欢法式花园的白色调子，那木门，那栅栏，开满的鲜花和谐搭配，透着法国人骨子里的浪漫和优雅。

西班牙式的花园总是有图案精美的铁艺、石材和铺装，也令他相当着迷。

英式花园中略带沧桑历史感的古老砖石、青苔，在很多娇艳的花朵的映衬下，透过重重光影在摇曳，那些斑驳感使花园顿时生动而明艳起来，一柔一暗，一软一硬，这样分明的对比显得格外美丽。

颜峰说他经常在旅途中被这样的花园所陶醉。

有一次，他专门策划了在意大利威尼斯布拉诺岛游览，这个被誉为人间最美丽的"彩色岛"，让他和家人再一次迷醉于色彩斑斓的海岛和花园的景色。

那些高低错落，层次分明的各色房子在阳光、沙滩下显得格外美丽，各色鲜花在岛上竞相开放，有时竟然形成了一条条五彩花带，人犹如在花带中游走，像走进了迷人的仙境。

01 攀援的观花植物丰富花园的立体层次。

02 "空中花园"也可以临港观鱼。喷水池里是循环的水，通过欧式雕塑潺潺地流入下面的鱼池。

03 爬山虎一到夏天就爬满整个花架，即使夏天坐在花园里，也会觉得很凉快。

04 站在露台上就能欣赏到珠海人民路上的风景。

01	04
02 03	

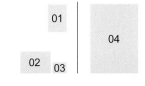

欣赏过欧洲众多造型优雅又立体的欧式风格花园，颜峰说欧洲小镇的花园给他感觉印象最深刻。

颜峰最喜欢的是奥地利的音乐之声花园，不仅造型大气雅致，那些音乐主题的雕塑、喷泉和特别设计的粉色音符花境，都让人感受到花园和周围静谧环境的充分谐调和融合，花园的整体色彩、造型、景观、环境、主题都十分贴切。

设计空中花园，一道城市风景

从爱花，爱家，花园旅游，到梦想设计自己家的空中花园，颜峰对花园的感觉越来越痴迷。

他决定把居住的顶楼复式住宅的屋顶，设计成"空中花园"，被这兴奋的念头激发了无限创意的颜峰，自己翻看了许多花园设计书，借鉴了国外花园的一些案例，于是自行画图、设计、施工，配好不同层次的绿色植物和一年四季相继盛开的鲜花，无论是从花园的设计还是植物的选择，都可以看出颜峰倾注了非常多的心力。

花园的墙面和路面，他用鹅卵石和地砖铺砌，花园休憩区旁边，他还特别设计了一个欧式的喷泉水景和遮阳的藤架，中间放置了一套蓝色的木桌椅。喷水池的循环水通过雕塑潺潺流入下面的鱼池中，彩色的鱼儿在欢快地畅游。那些错落有致的花草植物，极大丰富了花园

的色彩。花了半年多的时间，颜峰终于成功打造了属于自己的"空中花园"。

不仅如此，他居然还种上了铁线莲、特蕾莎、蓝雪花这些在珠海罕见的品种，他家花园一年四季鲜花盛开，花园中有勒杜鹃、绣球花、软枝黄蝉、连翘花、迎春花、水竹、马齿苋、玫瑰、茶花、指甲花、三色堇、金露等等。

后来，花园中又种了蔬果：木瓜、杨桃、青枣等，他的菜园子的葱花都开得格外娇艳，大部分蔬菜都是自给自足。

如今在珠海人民路边的中段，开满鲜花，最漂亮的屋顶就是颜峰的家。

有了空中花园，颜峰全家的余暇时光都愿意聚在花园里喝茶、品葡萄酒、聊天，甚至晚饭也愿意呆在花园里吃，享受着花园带来的美好感觉，让生活更温馨。

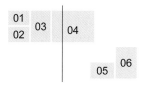

01、02 鲜花、美食、宠物，还有家人……还有什么比这更幸福的时刻呢。

03 颜峰在花园里种上了各种植物花草，甚至三角梅、铁线莲、蓝雪花这些在珠海罕见的品种。

04 每天，颜峰都会在花园欣赏珠海美丽的天空，和家人喝茶、聊天，享受花园带来的舒畅和温馨。

05-06 花园一年四季花开不断。

每天早晨与黄昏，颜峰都会在空中花园欣赏着珠海美丽的天空，观察不同光线下的珠海景致，同时会拍下不同的风光片在微信上和朋友们分享。

有了花园，朋友们也特别爱到他家做客，每次他都会拿出好茶和精致的花园茶具，非常惬意地和朋友们分享外出旅游的照片和感受。他随后组织了好几次有一群好朋友参加的欧洲深度花园之旅，朋友们都爱跟随他的脚步去领略大自然的花园美景。

其实，颜峰最喜欢的花还是珠海的市花：火红的勒杜鹃。他公司门口和家里的空中花园，最醒目的就是一族族娇艳的勒杜鹃，美不胜收。不仅是给他旺生意，更是让他的花园充满蓬勃生机。

2015 年在珠海香洲区举办的创建"美丽阳台"花园大赛中，颜峰的空中花园获得了一等奖。他一直有一个希望：什么时候珠海人家家都种上了鲜花，所有公园、绿地、家中都变成花的海洋，那这个最适宜于人居的城市也就会更美了！

01　彩色的鱼儿很享受它们的家。

02　在珠海人民路中段，最漂亮的屋顶就是颜峰的家。

03　"空中花园"里幸福的一家人。

耧斗菜
——落入凡间的精灵

玛格丽特 | Text & Photo provided

春来了，花园里四处的生机不用呼唤已自己萌醒了，这个让人欣然的季节里，为自己的花园选个今年的主题花草吧，让它来领舞，开启花园之梦。芍药、牡丹、月季、铁线莲，您都种过了？那么，试试我们今天的推荐——耧斗菜，它绝对能带给你不一样的惊喜。

　　说实话，"耧斗菜"真是一个很土很土的名字，头一次把这个花和这个名字联系起来，我简直不敢相信。可是这么一个气质非凡的犹如仙境里的女子，我们的土名就叫"耧斗菜"，因为它的花形状像个漏斗；而且还有一个更诡异的别名，叫"血见愁"，因为它在中医里属于中草药的一种，可以用来止血。

　　记得刚进入播种疯狂期的时候，北京的草芯妹妹给我寄来的一堆种子里，就有几粒耧斗菜的种子，那个时候种花很认真的，播种用什么样的介质，怎么保湿，种子是不是需要覆土，小苗适合怎么样的温度，都仔细研究，也因此，一共5粒耧斗菜的种子竟然发了三棵。不过头一年秋天播种，竟然到第三年的春天才开花。当然，经历了漫长的耐心的等待，也终于有了如此美丽的相见——这是我最早播种开花的两个品种的耧斗菜，一个粉黄色，一个纯黄色。都是地栽的，盛花期有几十朵之多。

　　从此，对耧斗菜便无法舍弃，虽然后来都没有再播种过，不过，每年的早春，我都要到花市上寻寻觅觅，只要看到有耧斗菜的踪迹，不管价格高低，一定买回来。

　　2010年上海世博会的前一年，各大园艺公司为了世博会的园艺订单，都想办法引进了很多国外的新品种。所以在花市上出现了很多新的耧斗菜，我如获至宝一般收入囊中。春天的院子也成了一个精灵的世界——

　　纯白色耧斗菜超凡脱俗；

　　大红色耧斗菜艳丽热烈；

　　深蓝配白色的耧斗菜高雅有气质；

　　粉黄和粉白色耧斗菜娇嫩；

　　紫色耧斗菜高贵华丽……

我还从花友 **MAYWU** 院子里挖来更特别的纯蓝色耧斗菜，花头一个个向下垂着，花量非常大。可惜，第二年的夏天还是耐不过炎热，仙去了。

杭州花友 **Jedia** 家也拍到了特别的品种，一个是红色重瓣，一个是纯紫色。重瓣其实也有很多品种，粉白色、大红色、蓝紫色等，不过不管什么花，我都更偏好单瓣的。矫情地说，是为了那份飘逸和单纯。耧斗菜的花苞也非常有意思，第一次见的时候，感觉像是火星人的脑袋，后面拖着几个触须，花开时分就如落入凡间的精灵。

在植物园还拍到了一些耧斗菜群植的图片，很热烈。但感觉这样的落入凡间的花间精灵，更应该种在岸边、树丛、花园的一个角落，三三两两几株，会显得更加脱俗。

01			
		02	
03	04	05	06

耧斗菜档案

耧斗菜（quilegia viridiflora），多年生草本植物，根圆柱形。高50~70厘米，茎部常分枝，被短柔毛和腺毛。花期4~6月，喜湿润排水良好的砂质土壤，夏天宜半阴栽培。我国东北地区有很多的原生种。南北方均能栽植。

现在市场上见到的耧斗菜大部分都是国外栽培的园艺种，在国内还是属于园艺新品。不过淘宝上很多店家应该都有种子可以买到。

繁殖可以播种繁殖，也可以分株繁殖。

播种繁殖：春季和秋季均可播种。种子采收后可以立即播种，将苗床浇足底水，把种子均匀播在上面，再覆盖一层薄薄的以不见种子为度的土即可。然后保持土壤表面湿润，140天左右便出苗，第二年春天开花。

分株繁殖：在早春发芽前或秋冬落叶后进行，以秋季为好。

养护管理：在栽种时就施足基肥，北方应每个星期浇水1次，夏季适当遮荫，或种植在树下等半遮荫处。雨季忌积水，生长旺季需修剪，使其通风透光。待苗长到40厘米左右时，要及时摘心控制植株的高度，植株太高容易倒伏；入冬以后需施足基肥，北方地区应浇防冻水和培土，帮助越冬防冻。

01 纯蓝色的品种，头都低垂着。

02 公园里成片的耧斗菜。

03 纯白色的耧斗菜，也是最初我种的品种，非常喜欢。

04 蓝白相间的耧斗菜，气质非常高雅。

05 尖尖的花瓣很像水仙花。

06 粉白相间的耧斗菜娇嫩可爱。

花园，
让梦想照进现实

吴万林 | Edit
赵耕 | Text & Photo provited

花园档案
坐标：北京
花园主人：赵耕，80后，北京人，毕业于复旦大学新闻系，媒体从业者。爱花园，爱香水，爱足球，以及其他很多美而无用的东西。拒绝过度女性化，拒绝一切形式的小清新。
主人微博：@广霍
花园特色：一个按照北京的气候脾性而量身建造的花园。小桥流水、假山亭台，还有那些倍受主人宠爱的月季……花园的美丽无法仅仅通过文字来言说。

每座花园都是有性格的，它反映着主人的经历和品味，特别是在寸土寸金的大城市里，它几乎能承载下你所有的梦想。

我的花园在北京郊区，大约800平方米的面积。为了它今天的样子，一家人花费了四年多的心血，却仍然觉得有很多不满意的地方。它永远在变化，且会一直变化下去。

小桥流水、亭台廊架，既大气，也不失精致

01
02 03

01 混合种植的草花花境，有福禄考、玉簪、石竹、矢车菊、紫菀、金露梅等种类。

02 花园里无论是硬质铺装、还是植物的选择，都按照北方的气候来。

03 花园面积很大，所以有足够的地方设置假山、亭子等园林大"物件"。

初入园艺之门的我们总会被那些繁花似锦的国外花园美图所迷惑，鄙视"过度硬化"的花园，我也一样。但随着这几年不断出国去欧洲看园林，看花园展，才知道自己之前的眼界是过窄了。植物很少、强调构筑物的"高硬化花园"同样可以做得非常美，而且通常比填满了花花草草的花园显得更大气。另外，硬化面积越大，意味着花园劳动越少，越容易打理。毕竟我们建造花园是为了享受，而不是受罪。

所以，建一座花园，绝不仅仅是找一块地，种满喜欢的花花草草那么简单。特别是如果你和我一样，并不喜欢小女人小清新的花园风格，那就请先从土木工程做起，认认真真设计好园路、水池、棚架等等各种建筑物，而不要急着考虑种什么花什么草。花园不一定是自然式的、不规则的，更不一定要有山有水，多看一些能体现全局的花园图片、花园书，或者亲自去看看别人家的花园，你总能找到一种最喜欢的花园风格。

如果是面积比较大的花园，园路务必要够宽，至少能让手推车通行自如，不妨设计得复杂一些，确保任何角落都能达到，这样就能化整为零，在不践踏花草的前提下进行打理。不要奢望在未经处理的土地上简单摆几块汀步石就会形成一条路，到了夏天杂草疯长起来，这条"路"分分钟就会消失。铺路的材料和铺法也要以耐用为第一标准，比如最常见的鹅卵石路，要让石子一颗颗立起来，像钉子一样互相挤着嵌进水泥里去，而不是简单地摆在水泥里，后一种方法虽然省时省料，但用不了三年石子就会一颗颗脱落。

建造水池的话，边缘选择缓坡还是陡坡、养不养鱼，都看个人爱好。值得一提的是，如果想种荷花，水池要挖得够深，越在寒冷地区越要如此。在北京的话，水池最深不能超过80cm，再深荷花会淹死，长不出水面。每年冬天要把水池里的水排空，把鱼全部捞到室内，再在池底加以覆盖，才能确保荷花顺利越冬，并保证水泥池壁不被冻裂。说实话这是一项不小的工程，南方温暖地区大概不必如此兴师动众。

这就又牵涉到另一个话题——因地制宜。有关花园的梦想总是很多，但不一定总能照进现实，与其多花数倍的时间精力去追求不适合本地的东西，不如静下心来，多多发现身边的美好。就拿北京来说，有很多国外图片中常见的漂亮物件，真的很难在我们的花园中安家落户。比如那些全部由玻璃建成的阳光房，在北京夏天的骄阳下完全就是一座桑拿房，风沙的侵袭更会让你的"水晶宫"很快变得灰头土脸；还有充满地中海风情的红陶盆，你必须要在深秋把它们搬到室内，或者把里面的土完全清空，否则很容易冻裂；更不要提那些喜欢酸性土的植物了，比如羽扇豆、杜鹃……它们都不是北京的菜。

当然这并不意味着你必须放弃梦想，只要力所能及，你完全可以选择一些不那么适合本地露天生长的花卉，把它们种在花盆里，根据气候的变化选择放在室内或者室外，更精心地照顾它们。毕竟，它们的存在往往会让我们想到梦，以及远方。

其实，适应北京环境的漂亮植物也有很多，比如让南方花友羡慕的海棠、桔梗、月季、蔷薇……都是大自然赐予的恩物。特别是这几年风靡各大花友群的月季，本身就是北京的市花。

我在花园西北角大约100多平米的土地上特意设计了一座玫瑰园。所有的构筑物一律使用白色，路面也用白色石子铺设，全力衬托花朵的绚烂。木凉亭和铁艺拱门、花架都是定做的，其中木凉亭的造型来自波士顿的一座花园——多翻国外的花园图片，找到心仪的样式，然后找工匠照猫画虎就好。即使是在无花的季节，白色的路与白色凉亭、白色拱门、白色花架，也能构成花园中最醒目的焦点，尤其是在阴暗的天色或是月光下，仿佛大雪铺地一般皎洁浪漫。

02 03 04
01

在玫瑰园靠近路边的位置，我特意留出一块混合种植的草花花境。除了一棵小的红色藤本月季，还有福禄考、鸢尾、玉簪、石竹、矢车菊、紫菀和金露梅。它们大多盛开在夏日，花期错落有致，此起彼伏，填补了月季盛花期过后的空白。

最后说说主角。除去花园外围的一排100多棵月季和蔷薇，这座玫瑰园中大约有40多个品种的月季和3种玫瑰，并不算太多。对于月季的养护我不是专家，总体来说，月季喜光、喜大肥、不喜水，除了微型月季，能地栽就不要盆栽。另外，月季的修剪和牵引是个大学问，早春和花后的重剪虽然会适当延缓花期，却能让花开得更大更美。藤本月季就更要注意，如果想要花墙、花门的效果，就必须将枝条横向或S形牵引。

最近几年流行欧洲月季（欧月），传统的大花月季被花友们忽视，其实它们大多数也是纯正的欧美血统，只是引进国内时间比较早，而那个年代对月季的主流审美还是艳丽大花和浓郁茶香。正因为引种时间早，它们的性状更为稳定，更适宜本土，所以对于新手来说，建议从便宜的大花月季开始，先摸清月季的习性，再入手欧月。大花月季中几个经典的品种，比如'红双喜'、'梅朗口红'、'粉和平'、'杰斯特乔伊'都能作切花，并不输给欧月的美丽。另外，尽可能买附近城市苗圃的苗。同样是口碑很好的卖家，附近城市苗圃的苗来我家后两年就开成壮观的花墙，而江浙乃至更远地区卖家的苗，不是没能成活就是长势偏弱。

是的，花园是个美丽的梦，但若让梦想成真，你需要向现实妥协，与自然合作。🖐

01 观赏草非常适合北方的气候。

02 花草与木椅、陶罐等花园家具、饰品互相映衬，和睦相处。

03 花园里的荷塘，在月色下一定更有意境。

04 白色的木椅在繁花丛中，也是最醒目的焦点。

组合盆栽
用容器组合出来的花园

玛格丽特 | Text & Photo provited

便如衣服鞋子的搭配一样，植物的搭配也是一门艺术。一个大院子，可以尽情地发挥想象，进行各种花境的布置。没有院子的话，做一个小的组合盆栽，同样也享受园艺搭配的乐趣。归根结底，只是空间大小的差别。

但是组合盆栽也是一门学问，首先你要了解盆栽摆放位置的环境，然后来搭配不同习性的植物。如果不了解植物的习性，喜阴的和喜阳的混搭在一起，总有一款长不好。

+	○	□	◇	△	
		☆	※	○	☆

+　黄金络石

○　朝雾草

△　天人菊

◇　美女樱

※　艳红苋

□　天蓝鼠尾草

☆　红茎蔓长春

夏日总是充满热情的，而这几款植物的配置，色彩鲜艳丰富，绝对是夏日里最应季的风景。

习性特点： 在植物的选择上，这几种植物对阳光和水分的要求也比较一致，护理上会很方便。

色彩造型： 中间艳红苋独特的颜色，提亮了整个组合盆栽的色调，而银色的朝雾草相对柔和，长方形的条盆非常适合窗台和阳台，络石和蔓长春，会迅速生长，枝条悬垂下来。

2 遮不住的情怀

○　玉簪

☆　紫花筋骨草

△　紫叶珊瑚钟

※　麦冬

习性特点： 这几种植物都是喜阴的植物，适合放在阴凉湿润的环境。在一些日照比较少的区域，甚至朝北的阳台和角落，也都适合它们的生长。

色彩造型： 阴生的植物，一般开花都不会很鲜艳，所以在搭配上更多地需要考虑植物的叶型和叶色的对比

紫叶的珊瑚钟和筋骨草和花叶的玉簪巧妙地结合，而叶子细长的麦冬则自然悬垂，让整个盆栽顿时生动起来。这个品种的麦冬，会开淡紫色的小花，秋天还会结一串串华丽的宝石蓝果子。

习性特点： 矾根耐寒，喜半荫，耐全光，春秋两季可以多放在阳光下，夏季可以放在阴凉处，容器组合可以根据季节来装饰不同的场所。

色彩造型： 矾根的色彩很多，不用加别的植物组合在一起就非常丰富。搭配欧式的花盆，非常田园的味道。

3 矾根的家族

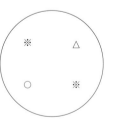

※ 紫色矾根

△ 红色矾根

○ 绿色矾根

4 仲夏夜之梦

习性特点：组合里的植物都比较喜阳，应该放在阳光充足的地方。夏天多浇水。

色彩造型：色彩和层次都非常丰富，既有灌木，也有藤本，富有线条感。

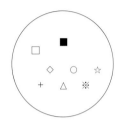

+ 红叶景天
○ 红千层
△ 彩叶草
◇ 棉毛水苏
※ 铁线莲
□ 扶芳藤
☆ 常春藤
■ 小木槿

5 烂漫一夏

习性特点：酢浆草和吊兰都比较耐阴，可以放在阴凉的环境。

色彩造型：紫色的酢浆草让组合的色彩显得丰富，尤其是在秋天，红色会更加靓丽。组合还适合垂吊。

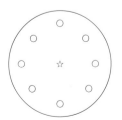

☆ 吊兰
○ 酢浆草

6 山野一隅

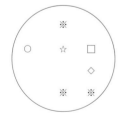

☆ 金叶女贞

□ 银叶菊

○ 观赏草

◇ 棉毛水苏

※ 应季草木

习性特点： 比较综合的植物类型，既有灌木，也有草本，都比较喜阳。

色彩造型： 各种植物叶形相差比较大，质感很丰富，看上去非常原生态。金叶女贞的颜色提亮了整个组合。

1花盆\工具

根据自己的喜好和家里庭院或阳台的风格，准备不同材质的花盆，可以是红陶、塑料、釉盆等。盆的大小根据植物的大小来选择。

花铲：用来拌均介质和把介质填入容器

花耙：用来剔除植物多余土壤

枝剪：剪开原来植物的种植袋，方便脱盆；根据盆栽的组合的需要效果进行适当地修剪枝叶。

水桶：种植完毕后浇透水，使盆栽植物适应新环境。

2介质

建议用泥炭、珍珠岩的混合。介质需要拌缓释肥，可以提供盆栽植物一定时间的肥力。后期再根据生长情况进行适当的追肥。

3构思设计

在选择植物之前，首先就要构思好，组合出来会是什么效果，然后再动手，组合的时候可以根据实际情况做调整。还可以把容器和想要组合的植物比对一下，看看效果。

4种植

将植物脱盆，尽量不要损伤根系。可以在盆底铺一层大颗粒的轻石或陶粒，有利于盆栽的排水和透气。在粗石砾上铺一层拌好肥的土。将植物逐棵放入盆中，并根据实际情况进行调节。最后在植株的间隙填入介质，并压实。浇透水！

□ 八宝景天

○ 圆叶万年青

+ 胭脂红景天

※ 水果兰

△ 棕叶苔草

■ 花叶景天

习性特点： 这些植物都是相对喜光、耐旱的，所以在后期的养护上方法可以一致。夏天放在在暴晒的环境下也一样无需担忧。

色彩造型： 棕叶苔草色彩比较特别，自然而野趣，水果兰银灰色的叶子让整个盆栽的色彩跳跃起来。后期水果兰的植株会高出棕叶苔草，可以适当修剪。当然，随着生长，它也可以成为后期主角，便是另一种风格了。几种景天本来就比较耐旱耐暴晒，阳光下会生长更好，色彩也会更加艳丽。八宝景天到了秋天还会开出粉色的小花，别有风味。

花园梦想助力师
——侯晔和她的花园乡舍

Helen | Interview & Text
侯晔 | Photo provited

花园档案

坐标：扬州

面积：800余平方米

花园特色：乡村庄园

主人及爱好：侯烨，好友都称她为"侯爷"，不仅得于名字的谐音，更多的却是她有男人般的侠士之风，其实是一个不折不扣的娇媚女子。爱好旅行、摄影及花草。

　　春天来了，侯晔800平方米的乡舍里一片生机，喷雪花、铁筷子先开了，梨花、杏花、樱花、海棠，赶着扬州的春信也都准备好了花儿，只等自己的时节了。在这时和侯晔聊天，觉得她格外的忙，心里也满满的是乡舍新一年的风景和梦想。她说，我想请更多的朋友来聚会。其实我们并不等花开，而是随时享受花园生活。我的乡舍里互动的功能区很多，阳光房、花房、烧烤区、篝火区，还有给孩子准备的蓝球架，也可以在溪流边做比萨。我的乡舍，如今已经成了很多朋友喜欢的聚会地点了。

侯晔喜欢写点东西，文笔中可以随心表达她对世界，对生活的想法，并不拘泥于命题与框架，也喜欢旅行，摄影，每样爱好都被她玩得有板有眼，很有品质。

对于花园，她也常用到一个"玩"字，觉得自己是在玩花园，实现自己的各种玩法就是快乐的所在，于是花园也被她玩得很美很精彩了，而侯烨也在玩花园的过程中，感悟生活，找到本真。

"衣服穿少了，鞋子又弄湿了"，花园房传来飞猫先生的声音。闻声侯晔挎着篮子回到廊道，端起一杯蜂蜜桂花茶扮个鬼脸一饮而尽，一只手捂耳朵一只手拎着水壶浇花去了，身后尾随着飞猫的嗔怪声和她家的狗娃 kimi、小九妹。

这是他们在乡舍最寻常的晨间时光，而每一天每一寸光阴又都是全新的。

"生活在乡舍，并不是想真正种上什么奇花异草，更不是所谓隐归田园，我们需要的不过是有品质的休闲生活，花园是一种生活态度，花草和饰品是体现生活品味的一种形式。"侯晔说。

如今，侯晔的花园越来越吸引人，朋友们也呼朋唤友地来这里开心，侯晔希望喜欢她乡舍的朋友能有一个自己的花园，享受独有的花园乐趣，把自己的独乐乐。变成更大众的众乐乐，一直以来，她都很热心地帮朋友的忙，设计、施工，改进他们的花园。今年她想当个真正的花园梦想助力师，尝试把心愿变成事业。为此，她想要租下更大的园子，做成一个个各具魅力的体验园，让心里的各种喜爱也都出现在眼前。听着侯晔的梦想，仿佛看到了处处新绿，片片绚烂，不由得和她一起期待梦想成真。

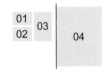

01-03 主人热爱摄影，院子里的一花一果，一桌一椅，都是她的美妙作品。

04 月季爬满了整个阳光房，春天落英满地。

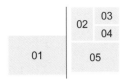

01 花园主人一共养了五只狗娃，它们每天欢快地在花园里，闻花香，追蝴蝶，真的是世界上最幸福的"汪星人"。

02-04 花草、小品、雕塑，花园里导出都是景致。

05 在这样的童话世界里，主人日常的生活变得情趣满满，经常会有好友来聚会。

Q：又到春天了，你的乡舍又要热闹了吧，说说今年有什么特别的设想吗？

A：是啊，又可以玩花园了，春天来了，我的乡舍也要再修整一下，人家说一个花园要想成熟需要12年的时间，我的花园还小呢，才两三年，所以总有想改进的地方。今年我要改造一下花园中心的主景了，还要搭一个鸡窝，养一群土鸡。我和朋友说我要搭一个立体式的，像吊脚楼那样的鸡窝，他们都很认真的问我，"你确信你的鸡能上到楼上吗？"侯晔轻笑，"我会让我的小鸡在它们的屋顶上看夕阳呢。"

Q：听着你乡舍功能区的名字就能想到你美好的乡舍生活了，那么乡舍一年中什么时候最美呢？

A：其实一年四季都很美啊。每年4月左右春天的景致就开始了，乔木、花灌木就都要开花了。我还种了很多铁线莲，在花园各处点缀，它可以种在树边，爬到树上，让大树更有看点。从4~11月，不同系列，不同品种的铁线莲会一直开，很漂亮。5月是我的"欧月"盛开的时候，二三百个品种的欧洲月季和当年的草花都会开，所以5月是我乡舍最缤纷，最绚烂的时候，也是我们的party季。我们在乡舍里野餐，看露天电影，感觉很好呢。6月绣球就要开了，我把和邻居之间的小路两边种满了大花绣球，开花的时候是一条绣球香道，非常漂亮。绣球经过修剪可以一直开到下霜时候，非常好养护。

以前需要在城里工作，所以在乡间花园的时间还很有限。今年，主人辞去了工作，成立了自己的工作室，帮助别人建设属于自己独特的花园，成为一名花园梦想助力师。

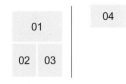

01-04　花园里一年四季都有不同的美，但春夏季节，是花园最缤纷多彩的季节。

Q：美丽的乡舍生活会不会很辛苦？会不会和你的工作抢时间？

A：其实做脑力劳动的人做做花园里的体力活是非常好的调剂，对身体很好。我原来是公司里的CEO，工作压力很大，回到家里都不想讲话了，只想到花园里走走看看，恢复一下身心。后来因为工作变动，我干脆辞职回来。以前早上7点多还起不来，现在5点钟就自然醒了，睡眠质量非常好，心里也完全放空，很开心。

现在有了时间，可以做更多和乡舍、花园有关的事了。因为我们的聚会，很多朋友爱上了花园，希望把自己原来空置的园子也设计好，有的想加一些景观，都来找我帮忙设计。我也非常喜欢这个，从义务帮大家的忙，到后来做了自己的工作室，真的是可以玩花园了。我给自己的工作起了个名字：花园梦想助力师。有的朋友对花园的想法比较简单、笼统，我会帮他一起找到"他想要的花园"，而不是复制过去一块，这样，让主人自己塑造自己独特的花园，才真的有园艺的快乐。

Q：在你的微博上可以看到你很多的文字、照片，都很美，很有特色，微博是你跟花友沟通的主要媒介吧。

A：我的微博上会有一些提醒花友们花园要做的工作的文章，比如哪些花要施肥了等等，也有一些我自己乡舍的照片，记录我的乡舍生活。我是我们这里作家协会的成员，喜欢写点生活感悟，旅行游记。后来玩花园，也喜欢上了摄影，就自己拍自己喜欢的视角。写写、拍拍、玩玩花园，觉得很好啊。

照片会帮我记下我的乡舍花园，有时自己回头看看，"哇，这是我家吗，这么美啊"，真的，自己都很惊喜呢。侯晔笑道。有一次在云南旅行，和几个朋友聊到花园，朋友说，我看过一张很美的照片，在一个种满绣球的道路上，几只很欢乐的狗在奔跑，那个感觉真好。当时我说，那是我的家啊。现在想起来，还是非常开心，非常骄傲的。

Q：关于乡舍，关于花园，你对未来的设想是什么呢？

A：我有一个花园村的梦想，因为有了花园工作室，我想把邻居的几亩地也租下来，做一个花园体验中心。把不同风格的园子、景观，做个样子给大家看，建个花园村。我听过一个说法，"爱人在身边，朋友在隔壁"，这是个很好的状态。想想这也许真的可行呢，等我们年纪大了，孩子都离家了，志趣相投的朋友们能在一起多好啊。所以我的终极梦想就是建一个花园村，和朋友们在一起。现在，大家都开始戏称我是"村长"了呢。🔲

春天，
给露台换一身缤纷装扮

Helen | Edit
张辉 | Photo provited

露台最适宜停留的季节就算是春天了，风正和暖，没有骄阳，没有蚊蝇，捧上一杯好茶，端出一碟鲜果，露台好心怡。

怎样在露台周围种出一片有花有景、高低有致的植物组群呢？这里介绍一个与起居室相连的露台，不仅小巧精致，功能多，还很有匠心。

这个露台的常驻设计是烧烤炉和小桌椅，花坛成合围之势，可以挡去楼房等其他建筑物的身影和过往路人的视线，让环境更干净。露台四周草花环绕，棕红色的地砖毫不张扬，烧烤台不用的时候也摆上花草，成了大花台。在植物配置上，郁金香是最映合春天花儿，明亮的黄色引人注目；通住起居室的道路是主人比较用心设计的，选用的是达尔文杂交品种的百合，特别点是次第开放，时间不同还会有些变化。很有特点的贝母、冠状银莲花、葡萄风信子、三色堇、春菊则会让露台显得热热闹闹，它们颜色鲜艳，花期长，养护也方便，是很适宜的庭园小花。种在迷你花坛中的常春藤自己从花款中飘散出来，随意而快乐。

露台因为连着居室，因为挡光的原因，常常不能栽种很大棵的乔木，但是丰满的草花设计也可以很有景致。需要留意的是，安排一些可以次弟开放的品种，虽然不能一下子开得很满，但花期长，从留白到丰满也是很美的过程。

	植物名	科名	类型	花色	花期	株高（cm）
1	郁金香	百合科	秋植球根花卉	黄、粉	3~5 月	15~60
2	贝母	百合科	秋植球根花卉	橙	3~6 月	20~100
3	葡萄风信子	百合科	秋植球根花卉	青蓝	3~5 月	10~20
4	冠状银莲花	毛茛科	秋植球根花卉	紫、红	3~5 月	30~90
5	水仙	石蒜科	秋植球根花卉	黄、白	1~4 月	15~50
6	三色堇	堇菜科	秋播二年生草花	黄、粉、紫	10 月~翌年 5 月	10~30
7	春菊	菊科	秋播二年生草花	白	10 月~翌年 5 月	15~30
8	常春藤	五加科	常绿藤本	绿叶	全年	蔓性
9	百合	百合科	秋植球根花卉	粉	4 月	50~60

花园草花全年栽培月历

赵伶俐 | Text & Edit

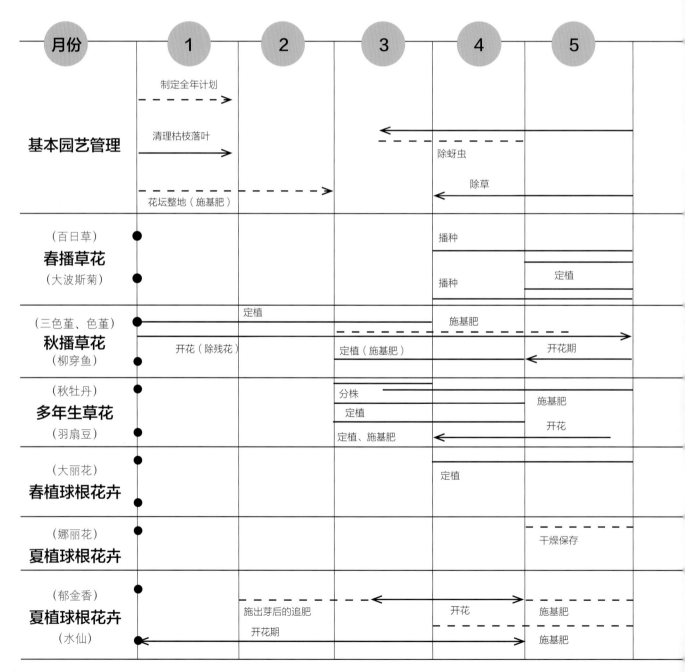

月份	1	2	3	4	5	
基本园艺管理	制定全年计划		清理枯枝落叶	除蚜虫		
				除草		
	花坛整地（施基肥）					
春播草花 (百日草)				播种		
(大波斯菊)				播种	定植	
秋播草花 (三色堇、色堇)		定植		施基肥		
	开花（除残花）		定植（施基肥）		开花期	
(柳穿鱼)					开花期	
多年生草花 (秋牡丹)			分株	施基肥		
			定植	开花		
(羽扇豆)			定植、施基肥			
春植球根花卉 (大丽花)				定植		
夏植球根花卉 (娜丽花)				干燥保存		
夏植球根花卉 (郁金香)	施出芽后的追肥		开花	施基肥		
	开花期				施基肥	
(水仙)						

一个缤纷美丽的花园少不了草本花卉的装饰，充分熟悉一年中各种草本花卉的习性和养护工作，每个季节种植不同的植物种类，让花儿们你方唱罢我登场，每个季节都有花看。

　这里，我们将全年的草本花卉养护作业分一般园艺管理工作和各类植物特有管理工作做成一览表，了解自己想种植的植物的花期与栽培方法，为花园整年的草花配置做好准备。

　在花园打理的过程中，最好将各种花卉的播种日期，定植、移栽、追肥、摘心等时间及其天气情况等作为养护日记记录下来。如果一切正常，来年就可以按照这个记录来进行了；如果效果不理想，这些记录也可以作为参考资料。因为东西南北的气候差异，每个花园的打理会有差别，这份月历也仅能作为参考。归根到底，还是要根据自己花园的实际情况来总结养护方法。

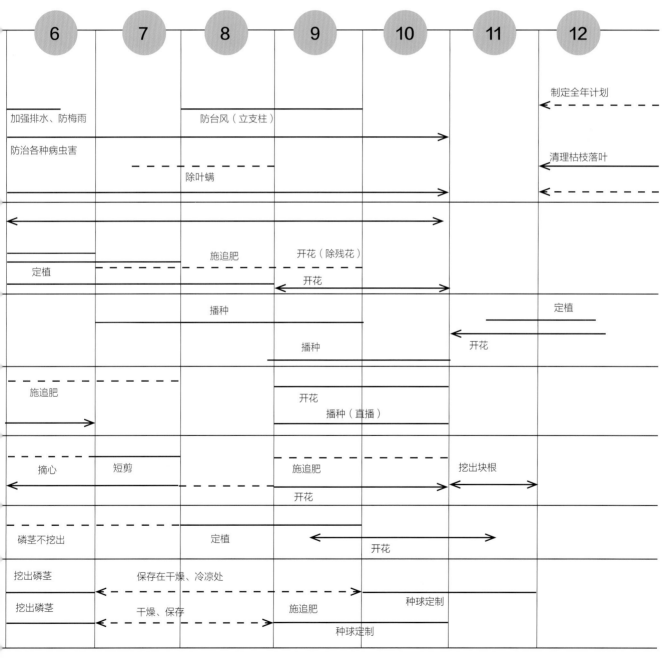

花园草花全年轮栽计划

赵伶俐 | Text & Edit

很少有一年四季都花开不断的花卉种类，因此，要想花园里全年都能欣赏到花，必须轮栽各种应季花卉。每年少则轮栽两茬，多则可以轮栽5茬。

1 年度内的轮栽应以轮换一、二年生草花为主

在制定全年计划时要考虑到对草本花卉生长很不利的梅雨季节和高温多湿的夏季。轮栽以一、二年草本花卉为主，但也可以利用灌木和宿根花卉来增强花园的季节感，用艳丽的球根花卉做花园的主色调，这样才能配置出富于变化的花园来。

2 花坛的季节可以划分为春季、初夏、夏季、秋季、冬季

花坛按照季节可以分为春季花坛（3~4 月）、初夏花坛（5~6 月）、夏季花坛（7~9 月）、秋季花坛（9~11 月）、冬季花坛（12~ 次年 2 月）。

如果按照相应的季节轮栽的话，全年可轮栽 5 茬。但如果栽些三色堇、角堇类从 11 月持续开放到次年 4 月的草花，只需要在 5~10 月里轮栽 1 茬或 2 茬就可以了。

花园的打理是一年非常繁杂的工作。如果你还是新手，可以先选择一个花坛来练练手，积累一些经验后再扩展到整个花园。

（1）一年2茬轮栽制（初夏~秋季、冬季~春季）

全年轮栽两茬的轮栽制可以考虑将其分为初夏到秋季的花坛（5~11 月）、冬季到春季的花坛（12 月 ~ 次年 4 月）两个阶段。凡是季节变化较小，夏季的酷热和冬季的严寒均不是很严重的地方，比如广东、云南等地，一年只需 2 茬就可以终年赏花了。

从初夏到秋季的花中，主要可以利用的草花有一串红、万寿菊、四季海棠，以及耐阴的苏丹凤仙和观叶的彩叶草等。它们着花多，花期长，整形容易，夏季短剪回缩后，秋季又会再次大量开花，均是花坛中常见的草花。

冬季花坛中有代表性的草花是三色堇、角堇、菊花等耐寒性的草花。当然，仅此这些草花轮栽会显得有些单调，可以用秋植球根花卉郁金香、风信子、葡萄风信子等为春季花坛增色添彩；用春植球根花卉大丽花、唐菖蒲点缀夏秋花坛。甚至也可以与灌木和多年生宿根花卉组合起来应用，以增加一些变化。

一年 2 茬可以说是最为简单的轮栽方式了，不过，花期长的才华在开花期间需要追肥，

还要进行除残花、短剪回缩等养护管理。

（2）一年3茬轮栽制

夏季炎热、冬季寒冷的地区一年最好轮栽3茬。

A 初夏、春季～秋季、冬季～春季

一年3茬可以考虑成初夏花坛（5~6月）、夏秋花坛（7~11月）、冬季花坛（12月～次年4月）。在设计时应将一年种花卉种类最丰富、能尽情感受到花草之美的初夏花坛作为重点。夏秋主要用万寿菊、一串红；冬春用三色堇、角堇、菊花等。

B 初夏～夏季、秋季、冬季

这种轮栽制分成初夏到夏季的花坛（5~9月）、秋季花坛（9~11月）、冬春花坛（12月～次年4月）3茬。

夏季炎热地区不必划分成初夏花坛和夏季花坛，主栽以细叶美女樱、夏堇、长春花灯耐热的草花即可。秋季焕然一新，用波斯菊、彩叶草等装点成秋色浓浓的花园。

（3）一年4茬轮栽制

随四季交替变更花卉种类的栽培方式，是在时间上、经济上都较宽裕时可采取的一种轮栽方式。

A 初夏、夏季、秋季、冬春

单独设一茬初夏花坛（5~6月），加上夏季花坛（7~9月），秋季花坛（9~11月）、冬春花坛（11月～次年4月），按这种方式划分。

初夏花坛与一年3茬制一样安排栽培。由于夏、秋分设，夏季花坛用耐热的夏堇、半枝莲；秋季花坛用百日草、波斯菊等，冬季与一年2茬时一样配置。

B 初夏～夏季、秋季、冬季、春季

这是单独设一茬冬季花坛的轮栽制。在冬季花坛中大量配置羽衣甘蓝、报春花等色彩艳丽的种类，其中新春佳节不可缺少的羽衣甘蓝可能只有少数地区的冬季才可以赏到。

（4）一年5茬轮栽制（初夏、夏季、秋季、冬季、春季）

分别选春季、初夏、夏季、秋季、冬季开花的草花，只管上它们开得最美时的姿容，是一种奢华型的轮栽方式。轮栽的关键在于不要错过移栽的时机，要抢在各季前种好。上季的植物花期一结束，就立即取而代之，不留空档。

一年2茬轮制

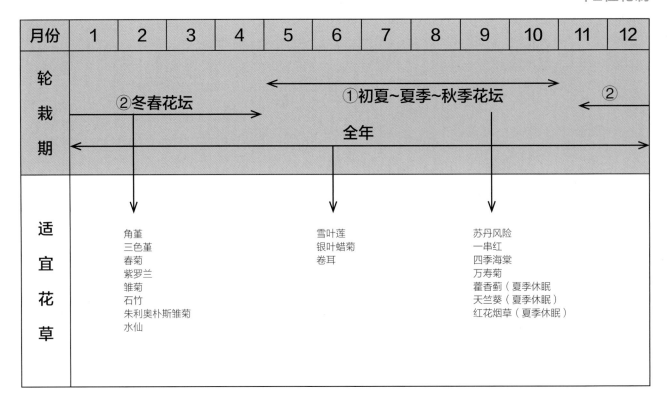

一年3茬轮制

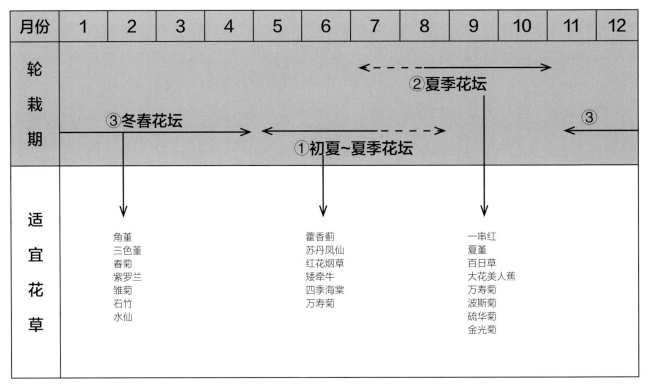

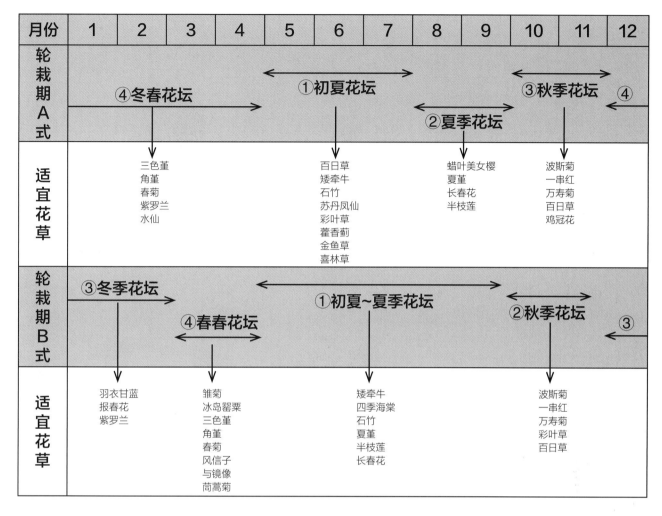

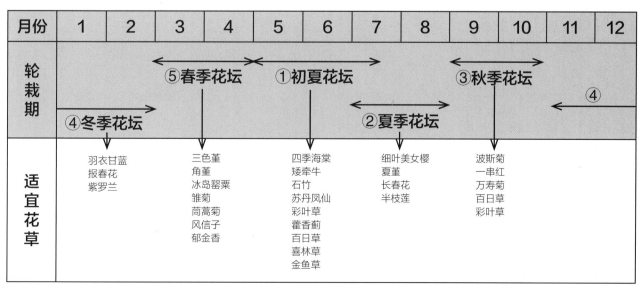

海蒂的花园

Helen | Interview & Text
玛格丽特 | Photo provited

花园档案
坐标：成都
面　　积：2000余平方米
花园特色：与经营相结合的花园，可以想象植物的丰富，因为太丰富了，只
　　　　　能依照色彩、性情按主题园分类了。
花园主人：桠丫

　　最开始的时候，桠丫只是一个喜欢旅游、喜欢种花的花友，还因为种花的缘分，认识了现在的老公。两个人先是在成都市内的大商场里开了一个园艺小店，后来实在施展不开，便挪到了成都三圣乡花市来，租了更大的地方。其实开店真是很辛苦，有很多想象不到的忙碌，最后父母、妹妹都过来帮忙。只有孩子们，快乐幸福地在花园里长大。

一大片滨菊，是花园里最雅又最缤纷的景致。

　　桠丫说，这个花园其实是给孩子们做的，想让她们在这里能快乐地玩耍。桠丫有两个可爱的女儿，大女儿名叫海蒂，所以，她的花园就叫海蒂的花园。海蒂的花园有 2000 平方米大，是难得的市场中的店铺花园，不同于周边传统的店面，这里且美且卖且生活。

　　海蒂的花园从 2008 年起开始经营，每年都在力求完美，各种大小修整不断。现在花园分了好几个部分，有白园，所有白色花卉在一起的花园，玫瑰花园，儿童游乐园，蔬菜园等等，听着这些园子的名字，已经可以想见各有特色，别致有趣的样子了，更别说有经营了 7~8 年的心血，那丰满的植物墙、可爱的动物摆件、新鲜的蔬果、萌萌的多肉，种种细节都让人想走进去，看看景点，玩玩植物，停下来喝杯茶。

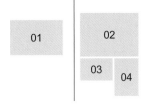

　　Q：海蒂的花园是个很有想法的花园，2000 平方米的面积让很多设计有了施展的地方，你最喜欢的是哪个部分，又是怎么想到这些设计的呢？

　　A：应该是白园吧，我每天看五颜六色的花，忽然想找个安静，舒适的地方，所以就辟出了这片白园。名字也起得直白，就是把我能找到的白色的花都种在了这里。加上草坪，小桥，小屋，给自己造了一个可以躲进来静一静的地方吧。在这里喝一杯茶，很放松，很养神。

　　其实我很多设计想法都是从书上、旅行中得来了，有一次我看了一张照片，一个断垣残壁前的花草，美极了。记得当时我足足看了个把小时，觉得自己一定要弄一个这样的效果。我觉得我是在一边看一边畅想吧。我现在只要看着植物，就能想像出它开花的样子，长大长高的样子，所以，只是观赏也是一种享受呢。

01　一家人在花园里的快乐时光。

02-04　花园里的各种月季是主人最爱的花卉。

Q：置身百花丛中，你最爱的是哪一种呢？

A：是月季吧，很美，花园里种很适合，从一开始就很喜欢月季。现在也很喜欢天竺葵，因为它品种多，适应性强，在阳台、土地都可以种得很好。为了让大家都喜欢上天竺葵，我还专门租了一个大棚养天竺葵，今年下半年就可以出苗了。也许因为我是基督徒的原故吧，我相信每个人都是有使命的，上帝让我把美丽的花带给更多的人，这就是我的使命，我也因此找到了自己想做，也应该做的事，很开心。

Q：花园美丽，后面也有很多辛苦吧，说说你的感受吧。

A：是啊，是辛苦并快乐着。因为投入很多汗水，所以尤其会欣赏花园的美。不像欣赏鲜切花，得到花的时候是最美的，不用费什么功夫，但花每天都在走下坡路，没有惊喜，也没有新鲜感了。但种植花园不一样，比如玉簪，冬天的时候完全没有叶子，藏在土里没有动静，春天发芽了，长大了，夏天盛开了，整个过程给你生命的惊喜。这些都需要你慢下来，才能体味到。

Q：花园给你最大的快乐是什么呢？

A：最大的快乐莫过于一家人能因为花园紧密地生活在一起。有了海蒂的花园，我的父母、妹妹一家、我们一家……大家都来花园里做事，很开心、很和睦。而且我的孩子也非常喜欢花园，我们专门建了儿童游乐园，这里对孩子来说也非常适合。小女儿才1岁多就会去搬花了，还学着种花。大一点的自己去选花盆、选多肉植物，自己搭配、自己种。可以摆弄一个多小时不需要人照顾，就像画画一样。我觉得这对培养她们的美感、专注力都非常好。我们自己的蔬菜园里种了各种蔬果，自己种自己吃，草莓、蓝莓，孩子都会去观察果实是怎么长大的，应该怎么浇水，怎么照顾。所以，这个花园让我们全家都非常受益。

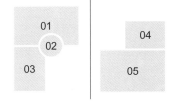

01-05　各种小品画龙点睛地配置在花园中，让花园顿时有了故事性，留给人遐想的空间。

无球根，不春天

球根花卉开放的时间不长，大概十几二十天的样子吧，可是来得热情，开得灿烂，集体欢度春天，让我们的花园里总也忘不了它们。

如果你从来没有尝试过在花园里中种球根，那么请一定要尝试一下，它们能带给你一个无与伦比的春天。

洋水仙，无论是地栽，还是在容器里，它绝对能提升你的花园质感。

球根花卉是个大家族，大家都爱的郁金香、百合、风信子、唐菖蒲、水仙是它们的当家花旦，而其他像鸢尾、石蒜、花毛茛、小苍兰、六出花、花葱、美人蕉、大丽花等等，也都是近来年很受花友喜欢的适合庭院的球根花卉。要认识球根花卉很容易，大大的球就是它们的招牌形象，里面都是植物的养份，所以种植它们也比较容易。去年秋天播种的球根，早春时分就早早萌出新芽让主人开心一下了，今年新采买的球根就更给力了，长势永远不用愁。这些漂亮的球根花卉怎么搭配才能更出彩，更春天呢，这其中还是很有学问的。

黄色+橙色+红色=华丽

如果你喜欢华丽丽的效果，那黄色、橙色、红色的花朵就是主角了，郁金香、百合都有不少这类的品种，以它们为主体，打造一个花坛或是花带，在庭院中会是非常抢眼的。再点缀上一些淡色的三色堇、角堇做勾边或是填空，可以让色彩更丰富，效果更好。郁金香的花期过后，堇家兄弟们还可以继续盛开，这就是球根和一两年生草花的搭配好处吧。

粉色+白色=雅致

如果喜欢淡雅的效果，粉、白色的球根花卉就更多了，以它们为主角，搭配些紫色、蓝色的草花，也非常清爽可爱。

特色容器+球根=球根容器花园

在阳台上赏春的朋友也可以搭配出一片动人的风光，选些适宜可爱的盆器就是了。像百合、唐菖蒲这样高个子的，给它们一个深些的大盆，居中栽好，再配上一些心仪的草花，或飞扬在盆边，或垂吊于盆外，都很美。像葡萄风信子、风信子等个子小的球根，选个或方或圆的浅盆效果就不错。花器的颜色选择就更多了，喜欢酷我路线的，旧旧的瓦盆、木桶、旧轮胎都是上选；喜欢温暖路线的，红土陶罐、白瓷盆也不错。喜欢垂吊效果的，在棕篮、塑料盆器中种上小苍兰，葡萄风信子也很漂亮。

除了考虑花朵的颜色，在庭院中造景时个子也是不能不考虑的问题，下种之前一定要先了解植株的高度和花期。自然风格的花园栽种起来自由度比较大，稍微考虑一下前低后高就可以了，而崇尚几何造型的花园就要认真考量花朵的个头了，比较安全且容易出效果的是片植同一品种花卉，如郁金香、洋水仙等。当它们齐刷刷地一起开放时，还是很让人得意的。🎏

01	02

	03
04	05
	06

01　郁金香，球根之王，色彩和花瓣类型都很多。

02　石蒜，又称彼岸花，开起来非常惊艳。

03　韭兰是花坛或园路修边的好材料。

04　大花葱，球根花卉中比较新的种类，引入国内不久，深受花友喜欢。

05　葡萄风信子盆栽，非常活泼可爱。

06　鸢尾，又称燕子花，可作为4月花园里的主打，也可以让她静静地呆在花园一角。

庭院深深深几许

赵芳儿 | Edit
侯梅 | Photo provited

侯 梅

北京和平之礼花园景观事务所设计总监

英国皇家园艺协会会员，环境艺术设计专业，获得"职业景观设计师"资格认证。精细园林景观方向领军设计师，曾两次到日本学习日式园林景观。尤擅长欧式乡村风格和日式庭院的规划与设计。代表作有中海九号公馆、太阳城桃花源、丹佛尔湾花园、优山美地、红螺湖别墅、富力丹麦小镇、提香草堂、格拉斯小镇、太庙商务会所等近150座花园作品。

建筑占地

1. 现有门口铺装
2. 新加砖铺道路
3. 与邻居家分割绿篱
4. 木质平台
5. "L"型花池
6. 盆栽植物
7. 铁艺护栏
8. 直梯（下设工具房）
9. 木质铺装
10. 停留区（塑胶垫）
11. 花池
12. 花架
13. 烧烤台
14. 种植区
15. 空调包饰
16. 菜地
17. 汀步石
18. 种植区
19. 圆形草坪
20. 意趣水景
21. 花池

01	02
03	04

01、02 下沉花园的种植区采用自然式种植，还设计了一个小水景，增加院落灵气。

03 花架下的烧烤台。

04 蓝色的花架呈现地中海风格。

私密性、好打理、孩子玩耍的区域、老人的菜地，当然还有美丽漂亮，以上这些差不多是设计师遇到的花园主们最共性的要求。和平之礼花园设计的设计总监侯梅在设计这个案例时，将这些要求一一考虑进去，而且在此基础上，将各个区域进行巧妙地划分，每一个区域都有新意，跟着她的思路走，越往里，越会发现那些意外之喜。

院子分为两个部分，一部分是下沉式庭院，一部分是地面上的花园。

首先是地面上的花园部分，小区在建好之初就种植了很多常绿的植物，设计师在此基础上，增加了一些小型彩叶树木，提亮这个区域的色彩及植物种植层次。

花园的对面就是邻居，设计师在围栏处设计了一排北海道黄杨，它的高度足以遮挡视线，解决与邻居家私密性的问题。

"L"型的花池是通道与休闲区的分割，因为采光较好，因此花池中选用型篱感很强的绣线菊和花期长的紫薇，延长花园的使用时间，这个休闲区也是俯瞰下沉花园的最佳观赏点。

另一部分是下沉式花园，这里也是一家人的主休闲区。

先从楼梯说起。从地上花园通往下沉花园的楼梯底下，有很大的空间，设计师将其改造成花园的工具房，零零散散的工具都收集在这里，关上门，真是整洁又美观。花园主还可以根据自己的喜好搭配一些盆栽，将这个空间变得更加丰富。

因为是一家人主要活动的地方，设计师通过花架、竹池、烧烤台等花园小品元素，丰富下沉花园的美观性、实用性。整个区域呈现地中海风情：蓝色的花架、陶红色的瓷砖贴面、红砖压顶及地面铺装……花架及竹子亦弱化墙体的高度，巧妙处理了墙体带来的压抑感，且在冬天仍能享受绿意。

正中间的圆形草坪是为小朋友而设计的，草坪可以很好地保护小朋友玩耍安全，临时的游泳池、滑梯等娱乐器械也可以放置在这个区域。

家里有老人，希望能自己种无公害的蔬菜给家人吃，因此设计师特意预留了菜地，并通过抬高种植箱，让老人们免受弯腰之累，真是非常人性化的设计。

花园的一角是空调围挡，为了将长长的空调管线隐藏起来，设计师采用防腐木，将此区域做成座椅，方便菜地劳作的人休息。

下沉式花园还有一个花境区。之前遇到过很多花园主抱怨，花园设计之初特别好看，可是后来很多植物因为娇气而接连仙去，这真让人受挫、操心。但是在这个案例中，非常善于植物配置的设计师，充分利用北京本土的植物，不会让植物们种下去后出现水土不服。种植采用自然式，乔、灌、草、花合理搭配，多以黄色、白色、粉色为主，点亮这个采光不好的下沉区域。🖼

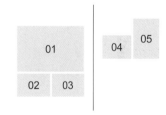

01　站在地面上花园休闲区俯看下沉式花园。

02　花园小品增添花园情趣。

03　菜地是留给老人们的区域，通过抬高种植箱，让老人免受弯腰之累。

04　楼梯下的空间被设计成工具房，干净整洁。

05　空调围挡，采用防腐木，将此区域做成座椅，方便菜地劳作的人休息。

《花也》电子刊 | Text & Photo provited

做一名都市隐客

——王梓天和他的田园生活

我向往陶渊明笔下的世外桃源，也幻想过着和塔莎奶奶一样宁静安详的生活，然而我更想做我自己。

——王梓天

达人档案

@王梓天，园艺梦想家，园艺作家，著有《小阳台天园艺》《阳台蔬菜园艺》《Fun心玩香草》《香草多生活》等作品。

从一盆薄荷开始

　　所有的事情并不是突然就会发生，很多事情当我们在幻想的时候其实就已经在心里埋上了一颗种子，然后就等待合适的时机去让它萌发。我不敢说所有梦想的种子都会绽放出美丽的花朵，但是我足够的幸运，这般的"幸运"也来自于我破釜沉舟的勇气。

　　对于园艺的喜爱似乎记不清是从什么时候开始的了，只是当我还是小小孩的时候我就会对植物特别的感兴趣，小学时和同学去偷别人家的樱桃，拿竹竿打枣儿，还有就是偷偷把人家种的刚结出来的小葫芦摘下来……类似的事情干了不少，每每被家人发现总也免不了被训斥一番。后来稍稍大了一点，不会再去偷别人的果实了，于是开始自己种。那还得从自我的中学时代说起，现在想来那真是一个极美好的年代，也是一个充满奋斗激情的年代，为了舒缓高三的学习压力，我试着养了一些植物，从一粒种子开始，我还记得我买的第一份种子就是薄荷，虽然之前我从未养过，但是不知道是为什么我就在那么多种子中选择了它，后来我看到种子上的信息明白原来薄荷是射手座的守护香草，其实我是一个不太信星座的人，我只是觉得我喜欢它，为什么呢？ **Who knows！** 或许是因为我喜欢薄荷味口香糖的味道吧，反正从那以后我就从这一盆薄荷开始了我的园艺之旅，我不知道这将为我今后的人生带来多么大的困惑，我更不知道这会改变我的一生。

01、02　做一名都市隐客，与花草蔬果为伴。

03　洋水仙开花了，它是春天的使者。

01 02 03

04

家中小院试身手

　　我家里正好有一个院子，可以供我施展手脚，在看了一些国外的园艺书籍后，深深的被他们的那种园艺生活所吸引，我也想把我的院子打造成一个小花园。刚开始家里人对于我购买植物以及园艺资材也不置可否，等有一天他们发现家里到处都是盆盆罐罐，卫生间的泥土永远弄不干净的时候，似乎意识到"问题"的严重性，于是家父三天两头的开始说我，意思无非是人家种花是美化家居的，而我种花养草却把家里弄得乱七八糟。这样的说辞很快就说不通了，因为随着技术增长和经验的累积，我也可以种出美丽的花儿来了，每次种完花之后也会把战场打扫干净。

　　随着年龄的增长，家人开始念叨别人家的孩子都出去，我却天天在家里做一些老年人的事情，其实呢以我当时的收入也不算低，我自己开了两家钢琴培训班，虽然有几十个学生，但上班时间自由，闲暇的时候我就喜欢赏花弄草。学生的年龄从三岁半，到最大的 57 岁，上钢琴课时我也会给他们讲一些植物的故事，给小孩子看美丽的花儿，而成年人就带着他们一起品香草茶，闻玫瑰花香，吃用薰衣草制作的饼干，到了夏天还有花草冰激凌和布丁……在我的影响下，他们都开始养花了，也喝上了自己种的香草茶。

01　从旧货市场花了40块买来几块木板，就是工作台，美食拍摄都在这里完成。

02　吃的蔬菜都是自己种的。

03　家里的四季插花也来源于自己的种植。

04　栀子花开，带来了满屋子的芬芳。

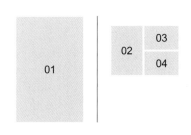

只为心活

　　随着时间的推移，我发现家中原有的小院并不能满足我对于花园的渴望与需求，我崇尚自然，也喜欢与植物相处，所以放弃音乐方面的工作，离开市中心的家，搬到城郊乡村的森林中过起"只为心活"的生活，笑称自己是"都市隐客"。经过简单的改造和布置，从旧货市场花了**40**块买来几块木板，用人家不要的楼梯栏杆做成了一张木桌，也就是我的工作台，大部分的美食拍摄都是在这里完成的。自己开始打造一个心目中的花园，我开垦土地，种上各种蔬菜和花草，地里生长的蔬菜自给自足，家里的四季插花也来自于自己的种植，冬天没有鲜花就用一种甘蓝替代。吃的蔬菜都是自己种的，每天打理植物，制作美食，拍照、练琴、写作是必须做的事情。

　　我以前是一个非常容易急躁的人，通过这些年的园艺生活，植物让我变得沉静，在处理生活中各方面事情的时候会更容易冷静下来去思考。其中一个意外收获就是作为一个男生却拥有很好的皮肤，很多人问我皮肤为什么会这么好，我想说这些真的是植物的功劳，每天喝着具有不同功效的香草茶，用的是自己做的植物护肤品，这些天然的东西用在身上怎么会不好呢？

01　"只为心活"，所以搬到城郊乡村的森林中当一名"都市隐客"。

02　开垦土地，打造自己心中的花园 。

03、04　花开如期而至是对园丁最好的回报。

生活离不开园艺

01　02　03

理想中的花园应该是怎样的？我觉得应该由三大主体构成，第一是香草，它们为我提供新鲜的叶片和西餐的香料，还有香草茶和护肤品；第二是蔬菜，它们为我的餐桌贡献有机食物，并且有着很多市面上见不到的品种；第三就是花境，它们为我家提供四季的切花，这其中当然少不了野花野草，毕竟最美是自然。

曾经有媒体采访问我的生活理念和园艺理念是什么？其实这两者几乎是等同的，生活离不开园艺，园艺让我更好的懂得生活，享受生活，珍惜生活。从 2008 年起我一直在推广"园艺生活"的理念，什么叫做园艺生活？每天早晨采下新鲜的香草然后泡上一杯香草茶，而晚餐中所使用的香料也是自己种植的，迷迭香烤羊排、百里香烤鸡、罗勒意面，这些平时只有在西餐厅吃到的美味在自家都可以制作了，晚上用洋甘菊来蒸脸或者做一个天然植物 spa 获得身心的放松，与植物相关的生活就是我说的园艺生活。园艺是一种生活态度，崇尚的是自然美好，养花种草一直以来都被认为是老年人的专利，其实不然，年轻人也可以去通过种植来换一种心境，尤其是现在的城市里的人，每天活在钢筋水泥的丛林中，与大自然的连接几乎断裂，但是我们可以通过布置打造自己的花园来营造一个小自然。这个花园不一定非要多大的场地，在喜欢园艺的人心中可能就是一方小小的阳台或者是一个飘窗，只要有心，有家的地方就有一座花园。

01、02、03　花园不但能提供蔬菜、香草等新鲜的有机食品和香料，还能生产最环保的护肤品，而切花让主人将大自然带回家。

花也 I Fiori

时 尚 园 艺 生 活

潇洒种花

享受园艺生活

《花也》，中国第一份园艺电子刊，百度云免费下载！

时尚实用、趣味十足的家庭园艺电子刊，2014年9月起由@玛格丽特-颜 联手多位园艺达人倾情打造。希望这本杂志能让更多的人喜欢园艺、加入园艺的队伍；一起回归自然，欣赏花草的美丽，感受植物生命的魅力，让生活中更多美好和热情！

《花也》的名字来自于许有壬（元）的《如梦令》——墙角黄葵都谢。开到玉簪花也。老子恰知秋，风露一庭清夜。潇洒。潇洒。高卧碧窗下。

花也俱乐部QQ群号: 373467258
投稿信箱: 783657476@qq.com

花也微博　　　花也微信公众号

石英砂干花制作

《花也》电子刊 | Text & Photo provited

　　制作干花的方式有很多种，包括自然风干，烤箱烘干等。但多少都会影响原来花朵的质地和形态，一看便知是没有水分没有生命的干花。石英砂干花相对其他的干花方式，它能最大限度地保持花朵的质感，色彩的褪变也可以减少最小。

　　必须申明：现实中的石英砂干花颜色还是相对黯淡，没有图片上这么鲜艳啦。不要被光线和摄影的效果欺骗了。

一、材料准备

材料：鲜花花材、石英砂、适宜的容器、勺子、软毛刷。

花材要求：

1. 选择花瓣质地比较厚实紧凑的，花型体积较小，花杆坚硬、含水量较低的花材。

比如小型的月季，石竹，部分菊科的花朵等。大花的铁线莲或虞美人之类的，花瓣太大、太软，很容易变形。绣球花也太大，花杆细软，不容易保持形态。

2. 花朵不要太密实，以便让石英砂可以有更多接触面，不然没有风干透的中心部分容易霉烂。康乃馨等花瓣太过密实，中心不容易干燥。

3. 最好选择含苞或刚开放的花朵，而不是快谢的花朵，形态可以更为优美，也可以保留更长时间。

4. 挑选形态优美的花材，连杆子叶子一起剪下，插花时可以有更自然的形态。根据需要除去病弱残枝、侧枝与侧蕾，以及过密的叶、花等。

5. 叶子也可以剪下来干燥处理，用来搭配干花插花效果非常赞。叶材要求叶片厚，易整形且不易卷曲，质地柔韧性好，挺而不脆的草质叶。

二、在容器里放入 2~3 厘米左右石英砂垫底

容器的大小选择根据花材调节，要可以完全盖住花材。底部要先加部分的石英砂，操作时固定花柄。

三、将花材竖直放置，花柄固定在砂子中

注意要竖着放，不然石英砂的重量容易改变花朵的形状。

四、用小勺慢慢往容器中填石英砂

勺子不要太大，便于操作，可以灵活细致地把石英砂填埋花瓣的空隙。

在此过程中检查并调整花的姿态，直至石英砂完全淹没鲜花。

注意要把花朵连枝条叶子都一并用石英砂埋住，让整个花材都可以干燥。

五、在阴凉干燥处静置约一周左右的时间

放置时间视空气干燥程度及花瓣的含水量调整，越久干燥程度越高。

六、将花儿轻轻取出，用软毛刷刷去表面浮尘，石英砂干花就做成啦！

花材干燥后，用软毛刷刷去表面残留的石英砂。因为石英砂吸收水分后，会潮湿结块，操作的时候要仔细小心，不要破坏花朵的状态。

石英砂干花后期维护：

1. 选合适的容器插花，容器中可以继续加石英砂，不仅可以稳固花材，还起到一定的干燥作用。

2. 不要直接接触光线，避免褪色和变脆。

3. 干花的有效期也就几个月到 1 年左右，之后会褪色、积灰或者花瓣发脆后失去原来的形态，就可以丢弃了。

4. 空气太过潮湿时，可用空调或电吹风来干燥。

石英砂档案

　　石英砂的主要成分是二氧化硅SiO_2，一般在工艺品商店或者淘宝中都能轻松买到，大小颗粒都有，用来做干花的是非常细的精致石英砂，呈洁白的粉末状。

　　石英砂其实是重要的工业矿物原料，干燥原理很简单，当水分子碰到硅分子时，水分子会凝固、消失，所以石英砂在工业上也作为干燥剂常用。另外吸湿后的石英砂经过干燥处理，可以循环使用哦。

　　石英砂还有一个好处是它耐腐、永不变质，而且不会与其它化学药品起作用产生化学变化。

与繁盛共舞的草花秀
——时间和他的草花故事

Helen | Text
时间 | Photo provited

　　朋友发来一张美图，花团锦簇的各色草花成行成阵地上下装点着整个空间，如同一个缤纷的秀场——草花的秀场。好靓眼的照片，再仔细看来，照片上小小的角落里写着小小的字，"Not enough time,时间不够用啊的花园"。原来这个秀场的主人叫"时间不够用啊"，简称时间。这照片就是时间微博里晒出的自家的屋顶。

达人档案
坐标：武汉
微博：@时间不够用啊的花园
花龄：10年有余
自我介绍：标准的70后，从事咨询服务工作，压力较大，种花种草是最大的兴趣爱好，也用这种方式来释放工作中的巨大压力。

种花10余年，时间在自己的露台上尝试种植并驯化过无数新品种草花。

　　时间有一个和花草完全无关的工作，而他全因喜欢，一心扑进草花的世界已 **10** 来年了。他人在武汉，从小喜欢花草，初中时就开始自己动手扦插植物，有了家后，在 8 平方米大的阳台上，开始了他自己的草花梦想。问他为什么偏爱草花，他说，也许因为它们种植时间短，装饰效果好吧，也易搭配，常看常新呢。当然，草花也是最适合阳台种植的，看着它们从播种到发芽，到繁盛，到消亡，一个个轮回由自己亲手创造，可以照顾它们一生，也很有成就感。

　　最开始，时间在他的阳台上摆弄他的草花，得到新品种，尝试驯化、摘心、催花。现在，换了新房子，从阳台花友升级到自己有一个屋顶，还有一个小院子，其爱花的规模更是不能同日而语了。

　　经过几年的摸索，时间现在在草花的整形、塑形上很有心得，摘心、催花的功夫也很是厉害，成了圈里的"大神"、"老师"。对此，时间笑言，没有别的，喜欢就很容易用心研究了。种植这件事也是一通百通的，认真了解植物的特性、对温湿度的要求、生长特点等等，还是很容易上手的。既然难得碰到这个老师，我忍不住先问了一通自己的问题。"我把院子里施了新鲜的牛粪后，为什么种上的孔雀草的叶子都开始卷起来了呢？""可能是施肥后土壤的

 01

01 时间的草花露台，一年四季繁花盛开。

pH 值和微量元素有了问题"。时间耐心地告诉我，牛粪会影响土壤的 pH 值，可以取土加水，澄清后用 pH 试纸测量一下 pH 值，草花多喜欢在 pH 5.5~6.5 之间。这个听起来很专业，但其实并不复杂，完全可以动手做到。pH 值高了是偏碱了，低了是偏酸了，两者都会影响植物对土壤中的微量元素的吸收。所以，先了解 pH 值，再去买对应的补充微量元素的花肥，就会比较对症。而且因为牛主要是吃草，粪便中草籽非常多，拔草会很费功夫，不如用泥炭来改良土壤，草花根系短，20~30 厘米的土层即可供其生长了。在时间的微博中，他这个老师更是当得有模有样，随手翻翻就可以看到他认认真真地把摘心的过程、效果、手法一步一步做成 PPT，让大家了解学习，一万多名粉丝也是他忠实的花友和支持者。

对于新手花友，时间建议大家先要拿出三年见成效的耐心和坚持来。有很多花友一上手就想尝试百花开放的效果，其实还是从一两个品种开始比较好。时间说，想种花，先要了解植物的特性、对播种条件的要求、对介质的要求、喜欢的温湿度等等，多上网找找资料，问问花友，再下手，也是对花草的负责。然后是准备盆、土、肥、药，一样都不能少，用上一两年的时间积累经验，浇水、施肥、整形、移栽，这其中个个是学问呢。过两年，再扩大规模也不迟。不要一试不成就退出，有付出，总会迎来满园花开的。

养花中，等待也是一个必须的功课。等待植物的生长，等待莳弄的效果，等待来年的改进……这一切的过程中，人也会变得成熟老道，淡定知味。

现在，时间把自己的生活经营得有滋有味，小院子里，有他的狗，还有一窝小鸡，由老母鸡亲自孵出的小鸡！有他亲手种下的山楂、樱桃、黄桃等七八棵果树，有机种植，为了吃到小时候的味道。忙的时候太太也会来帮他的忙，有时弄来好品种，他还会兴奋得停不下来，想像着成花成景后的美好效果，真正是乐此不疲。时间希望有机会时，试试在武汉经营一个面向高端市场的草花公司，推广自己种植成功的新优品种，摆脱现在市场上的同质化竞争。把那么多好看的，少见的，适合当地种植的草花介绍给大家，让每个人都有机会享受到园艺之美，这就是时间的梦想。

从播种开始谈谈
六倍利的种植

时间 | Text & Photo provited

　　六倍利，通常也叫山梗菜，一种常见的一年生草花，其花色丰富，花形小巧，种植容易，花开起来非常密集，飘逸洒脱，被世界各地的花卉爱好者和园艺工作者们广泛地运用于花园、露台和阳台装饰中，特别是在欧洲的小镇，六倍利经常出现在庭院中。

　　但是，新手想种出类似于宣传图那样的效果可有些有难度。

　　草花种植达人时间从七八年前开始接触六倍利，用了三年摸清了六倍利的脾性，他的六倍利种得比宣传图还好，走吧，一起看看他怎么种的！

1.播种时间

按照六倍利种子发芽的温度要求来看，适合秋播和春播，长江流域或者长江中下游的大部分地区，六倍利最适合秋播，最好在 9 月中旬前后。如果 8 月播种，前期温度高，播种发芽率有影响，并且苗会很早成熟成型，大概在 2 月底、3 月初可以达到开花的蓬径，但那时的日照不够长，温度还不能稳定在日均 15℃左右，花芽分化不足，开花效果不理想，零零星星开得比较稀疏。随着气温的升高，枝条节间变长，开出来的效果会松散，不丰满。10 月播种，会因为气温下降会比较快，苗期漫长，春天气温升高才开始长苗时，也会进行花芽分化，留给摘心控制的时间会比较短，要想种出很好的效果会有难度，所以，掌握好合适的播种时间是成功的第一步。

2.种苗培育的选择——单棵还是密植

现在能买到的种子多半是各大育苗公司提供的成品丸化种子，里面通常有多粒六倍利种子，直接播种，将来发芽后形成一小簇的幼苗，可以不用分开一起培育，也可以分开单棵种植。我个人建议后期采用单棵种植的形式，好处是：其一，单棵的苗由于养分没有被分散，苗的生长更健壮；其二，单棵苗的生长得到的光线更为充足，良好的光合作用更利于分枝和发育，分枝和节间的长度明显优于密植的苗，抗风和耐雨性也明显好于多棵苗密植的效果。

3.播种过程

播种基质可以选用泥炭、腐叶土等疏松透气的材料，也可以在这些基质中掺入排水透气性好的辅助材料，比如珍珠岩。六倍利的发芽适宜温度一般是在 18~25℃左右，温度过高则不利于种子发芽，所以播种尽量选择通风阴凉的环境。种子是自己收的当年夏季六倍利成熟种子。

六倍利种子播种是不需要覆土的，只用把夏天收集的种子撒在播种容器的表面即可，并且用喷雾的方式让种子充分湿润，以利于种子打破休眠发芽。

播种以后大约 3~4 天以后，六倍利的种子会陆续发芽，在这个期间，需要保持基质相对湿润。

4.小苗的管理

大约一周左右，大部分种子都会萌发出来，这时需要一定的日照了，可以在早晚让它们晒晒太阳，同时保持基质表面的湿润。

一周以后，真叶会慢慢长出来，这个时候的苗还是比较弱的，为了防止基质太湿造成猝倒病和根冠腐病的危害，可以喷一次杀菌药。我选用的是 1 ∶ 2000 倍的"纹枯净"来预防各类土传疾病的发生。

当小苗的真叶长出来了以后，需要增加日照的时间，以防止陡长。

5.移栽

当小苗有 2 片以上真叶时，就可以移栽了。先备好移栽用的种植容器，提前把基质填入，并浇水备用。由于苗比较小，我选用的是大一号的穴盘来分栽。把小苗带基质从播种盘内整体取出，小心分开苗的根系单株整理好，不好的苗淘汰掉。

然后把整理好的苗带基质一起移入备好的穴盘，并且适当压实，然后浇透水，移入阴凉环境。由于分苗时，根系会有一定受损，可以适当选用杀菌药物预防病菌的侵害，采取喷雾的形式。两三天以后，等苗已经完全适应了，就可以逐步移入有日照的环境中继续培育了。

第一次分苗大约一周左右，根系已经恢复好，可以使用一次液体追肥，我选用的是 1：800 倍的"必旺"溶液。补充这类生长肥可以给植物提供氮磷钾的综合吸收，还可以补充各类微量元素，给苗的健康生长提供了有效的支持。

6.塑形

苗生长至 3~4cm 左右，进行第一次摘心促进侧枝的发育，矮化株型。

同时，及时关注苗的根系生长，当小苗的发育已经足够健康，根系发育需要更大的空间了，我们可以考虑进行假植。

假植的时候，把小苗从穴盘中整体取出，观察根系的发育，当根系已经长到穴盘的边缘，并且开始有交叉生长的迹象，说明可以更换大一点的容器进行假植了。假植是个很重要的过程，提供很好的生长空间，并且便于控制基质的干湿循环。

假植的容器可以选 10cm 左右，基质可以选用泥炭、腐叶土，或者你自己喜欢的各种材料，也可以多种基质混合使用。当然，假植完成后，同样需要浇透水，用杀菌药物对苗进行处理。

假植苗逐步移入全日照环境，假植过程中可以施入适量的液体追肥，可以选用 1：600 倍的"必旺"，也可以选择其他氮含量适当偏高的肥料。

在六倍利假植的过程中，我们需要多次摘心对植株的发育进行控制和调整，目的使得侧芽萌发更好，株型更紧凑，所以，肥料的量不需要太多，以防止节间陡长形成松散的株型，建议 15~20 天施用一次，或者根据生长的需要来使用。

7.定植及养护

当苗在假植容器中生长发育受阻时，就可以考虑定植了。定植的盆可以选用 20cm 以上的盆，可以是普通圆盆，可以是垂吊盆，也可以是壁挂盆；可以是单棵定植，可以选用大盆多棵定植，也可以是和其他花卉小苗做组合栽培，定植的步骤和假植基本上相同，但定植需要在基质里加入适当的基肥，可以选用有机复合肥，配合鸡粪肥共同使用。

定植后的小苗给予足够的光照，争取在入冬以前有足够的蓬径。通常长江流域的大寒潮会在 10 月下旬来临，所以在这一个多月的种植过程中，需要格外注意花苗的成长，一旦没有注意好而造成了损失，弥补非常困难。

冬天的六倍利肥料不需要多，日照缩短了，气温低了，所以对肥料的吸收也变少了。如果气温降到冰点，建议把六倍利移到室内光照充足的窗台养护，一旦气温回升，及时移入室外。

春天气温回升，日照增长，气候变得适合六倍利生长，每个侧枝的顶端都会开始进行花芽分化。这个阶段需要增加磷肥，可以选用 1：600 的必开花或者磷酸二氢钾之类的肥料进行液体追肥补充，同样，保持充足的光照也是非常有必要的。

当日照充足，气温开始回升早 15℃ 以上，花芽分化会加速，你会看到花苞已经开始密

集的呈现出来。但生长越密集，湿度大，越容易出现病害，所以通风非常重要。

　　六倍利开始开花后，增加一次偏磷肥的追肥可以让花色更鲜艳。

　　当所有的工作完成以后，你需要做的就是安安静静地赏花了。

　　总结一下关于六倍利种植的要点，第一，播种后小苗单棵假植，给小苗足够的发育生长空间，为将来的茁壮成长打下基础；第二，小苗从小就需要进行摘心处理，增加分枝培育出丰满的株型；第三，种植时期内水肥适量，肥料不宜使用过多，否则形态容易散，抗风和耐雨性会大大降低，缩短的赏花期。🖐

早春及夏季花园的打理

周长春| Text
胖龙丽景 | Photo provited

　　时近清明，大江南北春风至，花信来，草色渐浓。对于新一年的花园佳境就要开始实施已经积累一冬地想法了。新园主们已觉得有百般的急事要做了，却又有点不知从何下手？

▌早春花园打理

　　别急，这就来教你。其实，早春的花园打理还是很简单的，只要我们熟悉每种植物的生长习性，每个季节对植物的打理就会有一个规律，包括植物的修剪、整理、施肥、浇水以及病虫害的防治等。且与我们一同动手吧。

　　早春，天气还冷，气温也还不稳定，这时还要保持植物防寒，不要太早把小树苗、葡萄、无花果这类植物的防寒包裹给去掉，防止倒春寒将植物冻害。虽然它们看着个子不小了，还是比较敏感的。

浇水

　　植物对春天的信息捕捉能力远超过人类，一个个都会应时萌动了，这时对花园里的植物浇一次透水是重要的事，早喝水的苗儿长得快嘛！

修剪

这一冬是不是已经看够了干干的枝叉，没叶子的大树？现在可以下手修剪了，不要不舍得下手啊，这是帮助它们变得更有型、更茁壮的必要手段，它们会感谢你的。具体办法如下。乔木类如北美海棠，可以先修树形，你希望它长成多大的树冠，或是多高，这时都可以对它进行塑造了。有了外形之后，再剪除一些过密枝条、病残枝、枯枝等。过密枝就是树心部分麻雀都飞不过去的那些交叉的树枝，去掉其中不美丽，不健壮的。叶子长出来后，过密的树枝会影响通风，耗去养分，也容易生病。修剪时注意，残桩不能留得过长，一般上切口从分枝点起，按45°倾斜角截剪。找把好枝剪，省力而且切口也会平滑；弱枝大力剪，强枝少剪点，每个枝条上保持4~6个芽。不用担心，就算你剪得差点意思，它们也不会说什么的。

灌木类植物

如绣线菊、大叶绣球、木本绣球、月季等，早春也可以进行修剪，平着剪就可以了。留下地面上15~20cm高的枝条，每个枝条上保留3~4对芽，不用担心变矮小了，不成景观，越剪越有生机，以后也会长得高，花开得旺。

如果你的花园里还有其它观花类灌木，比如紫薇、丁香类，都可以进行疏枝，让植物中心部保持透风，在花后可以整形修剪。

施肥

很多花园新主都很关注施肥的事，生怕亏待了大小花草，确实，早春施肥也很重要。如果你去年已经在打理花园了，可以回忆下它们去年的表现，感觉它们是不是需要加餐了。如

果去年就长得较弱，黄叶、病虫害较多，那就可以对其进行施肥来增强植物的生长，减少病虫害的侵扰。

如果你的植物是今年将要新下种的，就可以先施一些底肥，最好的底肥当然的动物粪肥。牛粪肥力大，可以让土壤疏松，鸡粪见效快，市场上卖的颗粒肥。无臭无味，都可以适当选用。

施肥一般对乔木进行穴施，要在树周围挖出 20cm 左右的树池，将肥沿周围施放，并用土覆盖，浇透水，可以施复合肥、尿素等。灌木采用撒施及水肥，施后浇水，水渗透达到 10cm 以上最好。

移植

每个花园主都有过乾坤大挪移的想法，这里的移到那里，低处的移到高处。好吧，早春是移植的最佳时机，你可以尽情的对花园里的植物进行色彩补充，也可以进行植物调换，来改变花园的层次，因为早春也是植物移栽成活率较高的时期。

Tips

1.修剪后将枝条整理好放入垃圾袋，尤其是病残枝，要立即进行销毁，以免病菌在花园里进行传播。

2.在移栽植物时，乔木移栽的土球是植物直径的6~8倍，而灌木类的移栽就需要看冠的大小来确定土球的大小；不要散球，移栽后要及时进行补水浇透，以保证成活率。

3.在防治病虫害时，以防为主，一定要按照药物规定使用量，用药量过多会对植物产生药害，导致植物死亡。

夏季花园打理

　　春天总是短暂，不光诗人知道，花园里的花花草草也很知道呢！所以经过一春的草长莺飞，转眼到了夏天，我们就要以打理、修剪整形为主要工作了。记住，有管理才有美景。

夏季修剪

　　乔木类可以对槭树类进行修剪整形，主要以疏枝、去除根蘖为主，不要进行过度性修剪。夏季雨水较大，重剪不利于树木伤口愈合，反而会造成病菌感染，导致树木变弱。

　　灌木类绣线菊类、大叶绣球类、锦带类等灌木都可以进行整形修剪，还能促成二次开花，并且还能用修剪下来的花枝插花装饰房间。

浇水

　　夏季花园浇水要根据天气情况而定，北方最需水的时候是 5 月，雨季还没到，温度很高，干燥的风对花草很有杀伤力，有的草花一天不浇就冲你低头。而在南方雨水较大较多的梅雨季节，我们一定要进行排水，被淹死一定不是花草们想要的。

病虫害防治

　　一般到 5 月份，病虫害就开始多了起来，以蚜虫为主。可以在市场上采购吡虫啉 1000 倍进行喷施，效果及佳。其次就是红蜘蛛，运用阿维菌素以 1500 倍液进行喷施即可，注意在喷施时，一定要喷叶背。还有很多的病虫害，如豆梨的锈病、槭树的天牛等都会在夏季出现，只要我们经常保持花园的清洁，就会减少很多其它的病害产生。

除草

　　在夏季使花园整洁，杂草的清理是必不可少的。陶渊明说他的花园是"草盛豆苗稀"，那也是因为杂草实在太顽强了吧。记住，早下手更轻松，一定要经常对花园里的杂草进行及时清理，见之灭之。没了杂草，不光漂亮整洁，也能减少病虫害的滋生。除草时，建议您一定要人工除草，不要使用所谓的除草剂，因为除草剂对植物的生长以及土壤都有很大的伤害。

　　从春到夏，花园主们辛苦不少，但花花草草会回报我们的。萌发，吐芽，开枝，散叶，盛开……自然之美远胜辛苦。就让我们面朝花园，享受花园吧。

在波峰波谷间
尽享时光交迭

郭泽莉 | Text
贺庆 | Photo provited

贺 庆
上海沙纳花园设计

植物配置设计师，从业十一年（2005－至今）曾远赴爱尔兰专攻园艺学。在花园植物搭配和应用方面，她拥有超常人的天赋，多年海外留学生活以及丰富的执业经验让她在工作中游刃有余，针对上海地区独特的气候及地理特征，她慢慢摸索并建立了一套私家花园植物库，主要作品：蓝桥圣菲、金地格林、万科朗润园、同润加州等。

凌驾于水系之上的曲桥将户外餐厅与户外客厅连接起来。

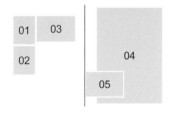

01	03	
02		04
	05	

01、02、03 平台四周、水系旁丰富多样的植物在花园里形成起伏的花带，让空间更充实。植物均为上海乡土品种，节省成本。

04 简单的种植花箱既柔和平台边缘，也与水系边的花草相呼应。

05 小铁艺装饰白色花边，"大白"也变"小文艺"。

设计师将花园分隔为三个不规则空间分别设计，借助铺装、水系将它们串联，形成一个整体。

对于户外客厅，设计师花了很多心思，所以在这里你会看到曲线造型的花坛，具体防水效果的户外沙发，以及用非常普通的红砖铺设的坐席区，舒适、清新、亮丽、便捷，业主对该处设计也非常满意。

整个住宅地形为三角形，别墅位于中间位置，总面积约 260m² 的花园将其包围。从别墅的厨房、客厅等多个房间能直接进入花园，整体落地窗让主人在室内也能尽享小院的四季美景。室内外空间良好的渗透性大大提升了居住的舒适性。设计师将花园分隔为三个不规则空间进行设计，依次为种植区、户外客厅和户外餐厅。

为了给两位老人创造具有充沛阳光和新鲜空气的户外活动场所，设计师在植物配置上摒弃使用浓荫的高大乔木，在原有乔木的基础上加大中层和底层植物量，能接受到更多的阳光；多种芳香植物为净化空气立下汗马功劳；一小片专属菜园让两位老人每天有机会从事一些轻量运动来疏松筋骨。

户外客厅是花园最别出心裁的设计，成为举办家庭聚会和私人派对的首选地。根据空间和地势条件，设计师设计了一座曲线造型的花坛。高度近 80cm 的白色围墙里，红色紫色的宿根花卉、蓬松的观赏草、丰盈的灌木带来一派热闹的自然景致。起伏的植物在遮挡视线、保护隐私的同时，也保证空气顺畅流通，阳光能够透过枝叶给人们带来温暖。既然是曲线，自然少不了"波谷"。设计师将其设计成坐席区。选用进口防水材料制作的沙发坐垫和靠垫，不仅满足功能需求，夺目的红粉蓝线条图案也与四周的绿色形成鲜明对比，分外抢眼。"波峰"处如果只是雪白的墙壁未免有些突兀，聪明的设计师以黑色铁艺装饰墙壁，蜜蜂、花朵、小草等俏皮可爱的图案给空间的趣味性加分，也与整体环境相协调。

最为普通的红砖被一块块立起用于户外客厅地面铺装，有别于以往的应

01

02 03

用形式，带来新的视觉体验，这可比使用特色地砖节省不少开支！平台中央的点睛之笔是盛满紫红色矮牵牛的黑色陶罐，古朴且不失活泼。

　　凌驾于水系之上的曲桥将户外餐厅与户外客厅连接起来，由于前者与后者之间有近**30cm**的落差，如何让两处的水面保持水平状态，确保亲水乐趣不打折，同时消除落差？设计师在两个空间连接处兴建了一座小型拦水坝。当户外餐厅水池内装满水后，水就通过拦水坝流入户外客厅的水池，拦水坝还能形成跌水景观，与曲桥相呼应，别有情趣。

　　除了水系，连接户外客厅和户外餐厅的还有一处露天烧烤区。烧烤区位于一个木制平台上，黑色的欧式户外餐桌椅简约而稳重，平台一角矗立着巨大的遮阳伞，将整个用餐区全部保护起来。紧邻花坛一侧是一座简单的烧烤台，上面搭建一座葡萄架。

　　户外餐厅和烧烤区之间的水系用黑色防渗膜做铺底，岸边四周布置种类丰富的灌木、花卉、观赏草和天然卵石，营造自然而绚丽的水系景观。之所以放弃使用小卵石覆盖池壁和铺底的常规做法，是为了保证有足够的水池深度，同时利于后期水池清理。而且防渗膜的褶皱中会逐渐积攒一些泥土，给水草、藻类生长提供条件，同样能够形成与天然水系相似的景观。

　　基于低维护的要求，花园所用植物均为上海乡土品种。紫荆、海棠、红梅、青枫等小乔木形成中高层植物景观。春天，粉色的海棠花开满枝头，一片片花瓣飘向空中，慢慢落在池塘里，于是，除了汩汩的流水碰触起的白色水泡，水面上还多了些粉色"香片"。水池边，层次感极强的羽毛枫犹如身披红纱的少女。低养护成本的小叶女贞、小叶黄杨、红花 木、金叶女贞等灌木充实花园的中间层次，四季常绿的大叶毛鹃和紫鹃也是春天花海景观的重要元素，耐干旱的迷你月季让赏花期变得更长。观赏草是花园景观的"骨干分子"，花坛内、水池边、绿地里，总能看到它们高大蓬勃的身躯，倔强地挺着叶片，一点也不比多彩的花卉逊色。🪴

01　最为普通的红砖铺设成户外客厅地面，有别于以往的应用形式带来新的视觉体验，而且节省开支。

02　进口防水材料制作的沙发靠垫、坐垫，舒适且防雨。

03　月季是南北方花园的重要观花植物，艳丽的花色很提气。

海棠，庭院观赏树中的"花贵妃"

周长春 | Text
胖龙丽景 | Photo provited

　　美丽的花园里不能没有花树的身影，花开如梦的海棠树历来是花园主们青睐的种类，除了常见的贴梗海棠、垂丝海棠等传统品种，这里要为您介绍几个来自海外的海棠新品种，一定能让您眼前一亮。

'当娜'
'Donald Wyman'

推荐理由：四季综合观赏性评价最高的品种。

生长指标：
株高：6~7m　　　**叶色：**深绿，秋季橙黄色与绿色交织
冠幅：6m　　　　**花色：**4月中下旬盛花，白色
株形：紧凑卵形　　**适生区：**4-8区
果：深绿，秋季橙黄色与绿色交织
性格脾气：4月中下旬盛花，花量极大，形成巨型茂密花球；叶片深绿，富有光泽，秋季转色时间随叶龄有所不同，常见橙黄色与绿色交织，生动活泼；果实随秋叶变色而展示出明丽的鲜红色，经冬宿存，常现4月时花果同枝景象。'当娜'的综合抗性表现优异。
园林应用：庭院孤赏首选树种，四季景观精致，春日新绿，夏来树满花，秋有新色来，冬雪压鲜果。鸟儿也会喜欢它的，因为它的果实可在冬末春初供鸟食用。

推荐理由：大果鲜美，集食用、观赏于一身的庭院海棠品种。

生长指标：

株高：11~13m

冠幅：8~10m

株形：椭圆，枝条直立开放

果：红色，果径3cm

花色：粉蕾白花

适生区：2~7区

性格脾气：4月上中旬盛花，芳香；叶翠绿美观，秋叶金黄色；果实8月成熟，果量极大，呈簇状缀满枝头；芳香浓郁，重甜微酸；树姿高大、强健无病；耐寒、抗旱；不耐高温。

园林应用：草坪、庭院优秀树种，夏季观赏的优良品种，亦可作为小型水果树栽种于庭院。果实可鲜食或作果酱、果干等食品。

'道格'
'Dolgo'

'珊瑚礁'
'Coralcole'

推荐理由：大果鲜美，集食用、观赏于一身。

生长指标：

株高：11~13m   果：红色，果径3cm

冠幅：8~10m   花色：粉蕾白花

株形：椭圆，枝条直立开放   适生区：2~7区

性格脾气：4月上中旬盛花，芳香；叶翠绿美观，秋叶金黄色；果实8月成熟，果量极大，呈簇状缀满枝头；芳香浓郁，重甜微酸；树姿高大、强健无病；耐寒、抗旱；不耐高温。

园林应用：草坪、庭院优秀树种，夏季观赏的优良品种，亦可作为小型水果树栽种于庭院。果实可鲜食或作果酱、果干等食品。

'亚当'
'Adams'

推荐理由： 红花硕果，经冬不落，美丽的四季观赏树。

生长指标：

株高： 8m

冠幅： 5~7m

株形： 紧凑圆形

适生区： 4~8区

叶色： 绿色，秋叶橘红色

花色： 4月中下旬盛花，深粉色

果： 枣红色，量大，经冬不落

性格脾气： 4月中下旬盛花，花量大，开花、结果没有明显大小年情况；新叶带红晕，成熟叶革质绿色，秋季叶片转为橘红色，落叶较迟，秋色较晚；果橄榄形，幼果深紫，6月开始红亮，秋果枣红，果实量极大，经冬不落；耐寒，耐旱，土壤及环境适应性强，极抗病。

园林应用： 优秀的孤赏树，适于家居庭院、楼堂会所周围及所有精致景观，是重要的冬季观果品种之一。

'印第安夏天'
'Indian Summer'

推荐理由：优秀的小空间冬季观果品种。

生长指标：

株高： 5~7m	**叶色：** 叶色浓绿
冠幅： 5~7m	**花色：** 4月中旬盛花，玫红
株形： 宽阔的椭圆形	**果：** 鲜红明亮，宿存至春季

适生区： 4~7区

性格脾气： 4月中旬盛花，花大而丰富；叶色浓绿；果量极大，幼时紫红，6~7月鲜红明亮，成团积聚在短枝上，可宿存至春季，冬季如有雨雪，果色更佳；抗寒、耐热性能俱佳，未见病害侵扰。

园林应用： 适合近景观赏，可用于停车场隔离带及绿岛花坛；大型盆景的首选材料。

推荐理由： 色彩变化极为丰富的孤赏树种。

生长指标：
株高： 5~7m
冠幅： 5~7m
株形： 树冠宽圆，开张
叶色： 墨绿，秋色橙红
花色： 4月中旬盛花，花量大，深粉色
果： 光滑，红色转橙色，宿存至1月
适生区： 4~7区
性格脾气： 4月中旬盛花，花量大；新叶红色，成叶墨绿，秋色橙红；橄榄形小果，果量极大，夏季亮红，秋果转为橙色，冰雪后部分果实转褐，可宿存至1月；综合适应性优异，抗性强，北京地区表现优秀。
园林应用： 自4月至严冬色彩变化丰富，园林中的优秀品种，适用于较宽敞的庭院、楼阁前及绿地广场。

'印第安魔力'
'Indian Magic'